飞行器异源景像匹配制导技术

杨小冈　陈世伟　席建祥　著

科学出版社

北京

内 容 简 介

本书研究了异源景像匹配制导方法与仿真技术,包括实时图的预处理、异源景像的稳定特征提取、匹配算法相似性度量的选择、序列景像匹配结果的融合以及景像匹配仿真等关键问题,提出并构建了异源景像匹配制导综合实验与仿真系统,为推进相关理论研究的深入开展,以及研究成果的工程应用提供了技术支持。

本书可作为控制科学与工程、计算机科学与技术、信号与信息处理、遥感技术与应用等学科研究生教材或教学参考书,也可供从事飞行器精确制导技术、计算机视觉与应用、图像处理与模式识别等相关研究的科研人员参考使用。

图书在版编目(CIP)数据

飞行器异源景像匹配制导技术 / 杨小冈,陈世伟,席建祥著.—北京:科学出版社,2016

ISBN 978-7-03-048489-5

Ⅰ.飞⋯　Ⅱ.①杨⋯ ②陈⋯ ③席⋯　Ⅲ.飞行器-景象匹配制导-研究
Ⅳ.V448.13

中国版本图书馆 CIP 数据核字(2016)第 121599 号

责任编辑:魏英杰 / 责任校对:桂伟利
责任印制:吴兆东 / 封面设计:陈　敬

科 学 出 版 社 出版

北京东黄城根北街 16 号
邮政编码:100717
http://www.sciencep.com

北京中石油彩色印刷有限责任公司 印刷

科学出版社发行　各地新华书店经销

*

2016 年 5 月第　一　版　　开本:720×1000 1/16
2022 年 6 月第五次印刷　　印张:13 3/4
字数:275 000

定价:98.00 元

(如有印装质量问题,我社负责调换)

前　　言

在飞行器导航与制导领域,机器视觉的应用成为最重要且引人注目的分支内容,是飞行器向自主化、智能化方向发展的关键技术途径之一。作为机器视觉技术的重要形式,景像匹配技术以其在军事领域的成功应用体现出了诱人的发展前景,近年来受到研究人员的普遍重视与推崇。本书结合实际工程应用需求,以增强飞行器匹配制导系统的可靠性、精确性、鲁棒性为目的,深入研究了异源景像匹配制导方法与仿真技术,包括实时图的预处理、异源景像的稳定特征提取、匹配算法相似性度量的选择、序列景像匹配结果的融合,以及景像匹配仿真等关键问题。

全书共八章。第1章为绪论,概要论述景像匹配制导基本问题、相关技术的研究现状及应用情况。第2章研究实时图的预处理问题,包括对实时图的各种畸变因素进行分析,研究红外实时图的非均匀性校正方法,提出一种基于变积分时间的红外焦平面非均匀性校正算法;设计了一种加窗中值滤波器,将其应用于实时图的滤波预处理;提出一种基于飞行姿态的实时图几何校正新方法。第3章围绕基于边缘检测的异源景像共性稳定特征提取问题展开研究,分析比较了Roberts、Sobel、Prewitt、Laplacian、LOG等5种边缘检测算子的检测性能,定义景像匹配算法的鲁棒性,设计图像的NMI特征,为研究基于目标特征知识的智能化匹配方法提供理论参考。第4章深入研究了异源景像匹配算法的相似性度量准则体系,提出一种新的景像匹配相似性度量方法,对其匹配性能进行了评估分析。第5章研究异源序列景像匹配定位结果的融合问题,提出一种基于WMF与LSE的匹配结果滤波融合算法,进行改进设计,给出一种序列景像匹配概率的估计方法。第6章研究基于序列景像匹配的飞行测速与目标识别方法,研究两种序列景像匹配测速与定向算法,设计了一种基于序列模板匹配的前视ATR算法。第7章研究实验室条件下的匹配仿真方法与策略,设计实用的异源景像匹配仿真方法,给出了仿真数据的制备方法,通过具体应用实验验证了该方法的实用意义。第8章提出并构建异源景像匹配制导综合实验与仿真系统,综合集成了本书的理论研究成果以及景像匹配制导领域的相关技术内容,为推进相关理论研究的深入开展,以及研究成果的工程应用提供了技术支持。

本书是杨小冈在其博士论文、博士后报告及近年来科研工作的基础上写作而成(书中第2章、第8章部分内容为与陈世伟博士、席建祥副教授的科研合作研究成果)。在攻读博士学位期间,作者得到缪栋教授、许化龙教授、刘光斌教授、胡昌华教授的悉心指导,为其从事景像匹配技术领域的研究工作奠定了坚实的理论基础;博士后工作期间,黄先祥院士为作者提供了优良的研究环境,促使作者将理论研究与工程应用结合,进一步明确了研究方向,拓宽了研究思路,为后续自然科学基金项目的申请,以及各类科研工作的开展提供了有力保证。各位导师严谨务实的治学态度、孜孜不倦的研究精神、儒雅正直的学者风范,以及为祖国国防事业呕心沥血的高尚品质,将永远激励着作者不断奋发向上、积极进取。在本书付梓之际,向他们表示崇高的敬意和衷心的感谢!

特别感谢国家自然科学基金项目(61203189、61374054)给予本书的资助!

限于作者的水平,不妥之处难免存在,恳请同行专家及广大读者批评指正。

2016 年 1 月于西安

目　　录

第 1 章 绪 论

景像匹配(scene matching,SM)技术犹如一股鲜活的血液,它的注入使得远程智能化精确制导武器的研究与发展充满了生机与活力。海湾战争以来的历次局部战争确立了精确制导武器在战争中的主导地位与决定作用,促使各国竞相发展精确制导武器,改进制导方式,提高制导精度,增强打击效能,以适应未来高科技战争的需要。作为现代精确制导武器的一个重要的技术研究领域,景像匹配制导技术成为主战武器系统研制过程中的热点问题,具有重要而广泛的应用前景[1,2]。与此同时,信息化的战场环境及针对性的作战任务对导弹武器系统提出新的要求,迫切需要研究更高性能的导航制导技术,以促进武器系统在快速反应、有效突防、精确打击及可靠性、抗干扰性等方面能力的改善与提高,景像匹配制导技术的研究也因此需要不断与时俱进、创新完善。本章系统论述了景像匹配制导的基本问题,从景像匹配制导关键技术、图像的匹配预处理、景像匹配算法、景像匹配仿真技术等方面分析了国内外研究现状及应用情况。

1.1 景像匹配制导问题描述

景像匹配制导技术是实现武器系统精确导引与控制的重要途径之一,也是经历多次实战检验的较为先进、有效的制导方式。在 20 世纪 90 年代以来的历次局部战争中,出尽风头、声名远扬的美国战斧式巡航导弹正是采用了景像匹配制导技术。这种最初的景像匹配制导模式全名是数字式景像匹配区域相关器(digital scene matching area correlator,DSMAC),又称景像匹配导航(scene matching navigation,SMN)技术,主要用于飞行器飞行航迹的自主修正。

景像匹配制导的工作过程总体上讲是模仿人的定位、识物原理,包括搜集、加工、记忆、观察、比较、判断等过程。首先通过卫星或高空侦察机拍摄目标区地面图像或获取目标与场景的其他情报信息,结合各种约束条件制备基准景像图(基准图,reference image),并预先将基准图存入机载基准图存储器中;在飞行过程中,利用机载图像传感器实时采集景像图(实时图,real-time image)。然后,与预先存储的基准图进行实时相关匹配运算(匹配算法,matching algorithm);进而获得精确的导航定位信息或目标的相关信息,并利用这些信息实现飞行器的精确导航与制导。飞行器景像匹配制导通常有两种典型工作模式,即下视景像匹配制导与前视景像匹配制导。

飞行器下视景像匹配制导的基本原理如图 1.1 所示[2]。其主要特点是，基准图为规划航迹中段或末段匹配区图像，实时图像为飞行器正下方区域图像（通常不包含目标点）；实时图采集的视场方向与飞行器飞行方向基本垂直；匹配目的是确定实时图在基准图中的相对位置，主要用于飞行器中制导或接近目标时的末区制导，实现飞行航迹的自主修正。战斧巡航导弹采用 DSMAC 系统就是下视景像匹配制导模式。

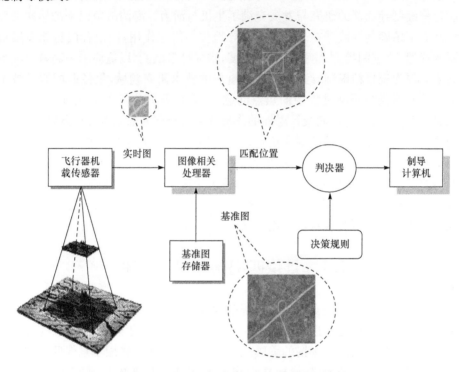

图 1.1　飞行器下视景像匹配制导原理示意图

前视景像匹配制导的基本原理如图 1.2 所示。其主要特点是，基准图为目标在某一视点和角度下的模板图像，实时图为飞行器前下方目标区图像（包含目标点）；实时图采集的视场方向与飞行器飞行方向基本一致（或保持某一确定的角度）；匹配目的是确定目标模板图像在实时图中的位置，通常用于飞行器末段寻的制导，实现目标的识别与跟踪，这种景像匹配制导模式是著名的图像自动目标识别（automatic target recognition，ATR）技术的主要形式之一。美国战术战斧（Block Ⅳ）巡航导弹采用的前视红外成像末制导系统就是这种前视景像匹配制导模式。

前视景像匹配中，相机并不一定是正前视，巡航导弹或无人机通常采用一定下视角度，本质上相机是工作在前下视状态（斜视），因此众多文献常将其称为前下视成像制导。

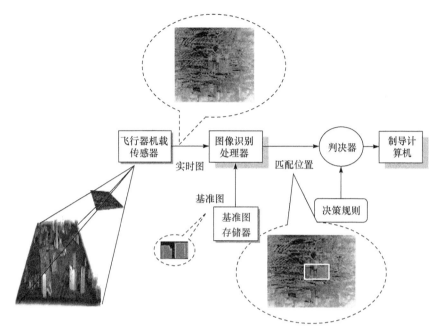

图 1.2　飞行器前视景像匹配制导原理示意图

如前所述,景像匹配制导技术最先应用于美国的战斧(Tomahawk)巡航导弹和潘兴Ⅱ(PersingⅡ)中程弹道导弹,以及苏联的 SS-NX-21 战略巡航导弹等;俄罗斯在其新型白杨-M 机动型洲际导弹上也采用了先进的惯性加星光修正和雷达景像匹配末制导技术。美国最早投入实战使用的防区外(stand-off)导弹 AGM-84E(SLAM,斯拉姆)、SLAM-ER(斯拉姆-增敏)、联合防区外空地导弹 AGM-158A(JASSM,贾斯姆)及新一代联合防区外发射武器 AGM-154(JSOW,杰索伍)均采用了红外成像末制导方式,具有自动目标识别能力。美国的战术战斧(Block Ⅳ)采用前视红外成像末制导系统和天基双向数据链传输系统,命中精度 CEP 由 10 米提高到 3 米以内,作战使用性能和灵活性显著提高,具备航迹变更、待机攻击、俯冲攻击、重新瞄准、弹载侦察、打击时间敏感目标、毁伤效果评估等能力,具有划时代的意义[3]。

景像匹配制导通常用于辅助惯性导航系统(inertial navigation system,INS)构成 INS/SMN 复合制导(intergrated navigaiton)体制,实现飞行器的精确导航与制导。完整的景像匹配制导系统是一个非常庞大、复杂的系统。其主要结构可以划分为两部分[4],一部分是任务规划系统;另一部分是任务执行系统,即弹(或机)载景像匹配制导系统。任务规划系统是确保景像匹配及时并准确实施的地面保障系统,主要工作是对景像匹配系统的飞行路径进行规划,即航迹规划(route planning),飞行方案进行决策和提供高精度基准图像等。执行系统是实现高精度定位的核心，需要高精度基准图和实时图数据、高性能的匹配定位算法，以及其他制导系统硬件设备的支持。

景像匹配制导技术不仅广泛应用于导弹的精确定位与目标识别，还大量应用于其他飞行器，如飞机的辅助导航和对地攻击、无人机（unmanned aircraft）的低空突防、侦察机对规划目标区的侦察、监测等。例如，在飞机对地攻击应用方面，美军A-10雷电式飞机上与目标识别系统配合使用的武器投放系统；TR-1A飞机以合成孔径雷达探测两侧图像以对目标进行精确定位攻击的系统；Tier无人机以电视摄像控制发射火箭对地攻击系统等类似景像匹配制导的攻击系统。美国在20世纪90年代发展起来的捕食者（predator）、全球鹰（global hawk）、暗星（dark star）无人侦察机，将侦察拍摄的图片经过景像匹配技术拼合成一幅完整直观的侦察图像，或者通过比较不同时间拍摄的图像，分析战场运动态势，实现战场环境监控[4,5]。

随着科学技术的发展，景像匹配技术已经逐渐成为现代信息处理领域中的一项极为重要和基础的技术，在许多领域得到广泛应用[1-10]。在军事领域，包括巡航导弹（cruise missile）或弹道导弹（ballistic missile）的高精度末制导，武器投射系统的精确定位与寻的末制导，目标定位（location）、识别（recognition）、分类（classification）与跟踪（tracking），飞机辅助导航等[15]；在民用领域，主要应用于图像的配准（registration）、拼接（stitching）、镶嵌（mosaic），机器视觉监测（machine vision monitoring），生物特征识别（biometrics recognition），自主视觉导航（autonomous vision navigation），医学辅助诊断，文字判读，资源分析等。

我国对景像匹配制导技术研究是从20世纪80年代开始的，直到20世纪90年代初，基本处于对国外技术资料的收集跟踪阶段。国防科技大学沈振康教授率先对景像匹配制导技术进行了跟踪，翻译了国外的有关文献，开展了基础性的理论研究，获得一系列研究成果[11]。海湾战争以后，加快了对精确制导武器的研发，1996年以后逐步进入武器系统的研制阶段，主要采用下视光学景像匹配末制导。国内多家单位，如航天科工集团三院、火箭军科研院所、国防科技大学、华中科技大学、北京航空航天大学、哈尔滨工业大学、南京航空航天大学、南京理工大学、西北工业大学等开展了有关制导方案、匹配算法、基准图的选取，以及景像匹配仿真等内容的研究与探索，在景像匹配制导相关技术的理论研究及应用方面，取得了可喜成绩，积累了丰富的研究经验[1-6,11-17]。

本书是以飞行器景像匹配制导为研究背景，旨在适应景像匹配制导技术的发展需求，深入研究异源景像匹配方法与仿真技术，以期增强匹配制导系统的可靠性、精确性、鲁棒性及实时性，并进一步推进异源景像匹配技术研究的深入、有效开展。本书的研究工作对改善飞行器导航与制导系统性能，应对未来信息化战争条件下的远程精确侦察、控制、打击与评估需求的挑战，具有十分重要的现实意义和应用价值。同时,本书的研究工作也为丰富和发展景像匹配理论提供了新的思路与方法,为后续工作奠定了理论和技术基础。

1.2 景像匹配制导关键技术

为了提高景像匹配制导系统的综合性能,国外积极研究异源景像匹配与目标识别制导技术,并在导弹武器系统中得到成功应用。例如,美国 Persing Ⅱ 中程弹道导弹采用的是雷达景像匹配制导系统,又称雷达区域相关末制导系统(radar area correlator terminal guidance,RACTG),它是在 Persing Ⅰ A 基础上改进而来的,采用 RACTG 系统后,提高了突防能力和命中精度,圆概率偏差(circular error probability,CEP)从 400 米提高到约 30 米;美国 20 世纪 90 年代服役的 FIM-92 ADSM 毒刺地空/空空导弹,采用红外和紫外两个频段加上被动雷达的三模导引头;英国的 S225XR 远距离空空导弹,采用微波主动雷达与红外成像双模导引头;美国最新预备部署的 BLOCKⅣ,利用 GPS 接收机和卫星上的合成孔径雷达(sythetic aperture radar,SAR)图像进行中制导,红外图像进行末制导,与 DS-MAC 相比,雷达图像不受气候条件的影响,制导精度与可靠性可进一步提高;美国的 AGM-88 BLOCK Ⅶ 哈姆(HARM)和德国的阿拉米斯(ARAMIS)反辐射导弹,采用微波被动雷达与红外成像双模导引头,增强反辐射目标识别的精确性与可靠性。异源景像匹配制导已成为国际上新一代精确制导武器发展的重要方向之一[5-8]。

以下从影响景像匹配制导系统性能的主要因素出发,对国内外相关技术的研究概况加以总结。这些因素主要包括基准图制备技术、实时图获取技术、图像相关处理机技术、景像匹配算法等,这些关键技术问题的有效解决对于提高景像匹配系统性能具有特别重要的意义。

1.2.1 基准图制备技术

基准图制备是景像匹配制导技术中的一个重要的技术环节,是指利用事先获取的目标区影像或其他信息,结合武器系统工作要求,选取具有一定特征的图像,通过校正预处理、投影变换、特征检测、数据制作等环节,进而生成可以提供给匹配系统使用的基准信息的过程。在景像匹配制导中,基准图的制备属于巡航导弹任务规划范畴,基准图制备的质量及有效性直接影响到导弹武器系统作战反应的快速性、景像匹配制导系统工作的可靠性,以及目标打击的精确性。基准图数据必须具备丰富、准确、可靠的特性。

下视景像匹配制导系统的基准图主要来源于卫星正射影像图,其制备过程相对较为成熟,在国内外巡航武器系统中已有成功应用[12]。景像匹配区选取准则的研究是一个难点问题,其自动化、智能化程度还有待改进完善,特别是需要研究解决适应新型异源匹配模式,如红外景像匹配、雷达景像匹配、夜间景像匹配等的匹配区自动选定准则。

前视景像匹配制导系统通常与打击目标直接联系,采用自动目标识别(auto-target recognition,ATR)技术。保障数据除正射影像图(digital orthophoto map,DOM)外,还需数字地形模型(digital elevation model,DEM)、数字地表模型(digital surface model,DSM)、目标三维模型(three-dimensional model,3DM)或其他目标保障信息等多种数据类型。根据打击方案和攻击方式,需对目标及周围区域进行分析和选择,以确定目标及周围区域的可识别性及可匹配性,为前视目标的选择和确定提供依据。前视基准图的制备过程相对复杂,需要研究可靠的识别准则及高精度特征基准图生成技术[13]。

1.2.2　实时图获取技术

如果说基准图制备是为了确保匹配系统具有丰富的知识,那么实时图获取的目的是为匹配系统装上明亮的眼睛。景像匹配制导系统中使用的图像传感器种类很多,主要有可见光、红外(infrared,IR)、雷达(radar)、SAR、微波成像辐射计(microwave imaging radiometer)、激光雷达(LIDAR)、毫米波(MMW)、天文(celestial)、地磁场(geomagnetic)、重力场(gravity)等图像传感器[5-8,14,15]。最早成功地应用于导弹中的景像匹配图像传感器是在 Persing Ⅱ 中使用的雷达图像传感器(J波段),通过测量地球表面物体对雷达波的反射情况而构成雷达图像。可见光CCD 图像传感器已广泛应用于景像匹配制导系统中,如战斧巡航导弹 BGM-109C等,其主要缺点是夜间无法工作。红外图像传感器克服了可见光传感器不能在夜间应用的缺点,尤其是远红外图像传感器的开发,使得 IR 具有很高灵敏度的夜视能力。红外和可见光传感器除具有很高的分辨率、定位精度高、抗电子干扰能力强的特点外,同时具有很好的隐蔽性,但光学传感器易受气候影响,不具备全天候的工作能力,限制了其应用范围。SAR 是一种全天候、全天时的现代高分辨率侧视成像雷达,它利用脉冲压缩技术和合成孔径技术,距离和方位分辨率大大提高,其成像分辨率与可见光接近,而且不受黑夜、云层的限制,穿透可见光不能穿透的遮挡物,发现隐蔽目标。近年来,基于 SAR 技术的景像匹配制导方式已成为各国竞相发展的热点,我国的一些大专院校和科研院所对 SAR 成像与应用技术也开展了很多深入的研究工作[14]。为了解决飞行器跨海飞行(没有地形与景像特征)时的精确定位问题,人们开发了地球磁场轮廓匹配导航技术(earth MAG field contour matching guidance,MAGCOM),即地磁匹配导航技术,采用磁场传感器(磁强计)测量地球表面磁场进行定位,国内已有多家单位开展了这方面的预研工作[15]。

1.2.3 图像相关处理机技术

在景像匹配系统中,相关处理机是用于实时图的预处理、景像匹配相关及匹配后处理的硬件设备,相当于匹配系统智慧的大脑,需要具备高性能的运算能力。匹配相关是花费时间最多的运算,尤其是在二维基准图和二维实时图相关处理的景像匹配系统中,为了保证上述处理的实时性,景像匹配系统对相关处理机的处理速度要求很高。早期"战斧"BGM-109C/D 的 DSMAC 系统使用阵列式相关器作为 8 位微计算机的外围部件,具有 45K 的存储器容量,用差分算法对基准图和实时图并行地进行相关处理。美国马丁·马里埃塔公司为巡航导弹应用研制的几何算术并行处理机(geometric arithmetic parallel processor,GAPP)采用 SIMD 工作方式,其处理速度达到 750 亿次/秒[1];国内研究人员提出采用一种嵌入式 MPP 阵列处理机[16]作为景像相关器,处理元的数量可达 64×64,从而实现数据的大规模并行处理,以实现总体的高速处理效果,目前正处于论证、实验阶段。飞行制导与控制系统综合运算性能、可靠性、体积等因素,常采用多片 DSP+CPLD 或 DSP+FPGA 硬件框架,完成匹配运算,以期增强匹配系统的处理性能。

1.2.4 景像匹配算法

相对于相关处理机这一景像匹配系统的大脑而言,景像匹配算法是运行于大脑中的思维,必须敏锐、精准、可靠。景像匹配算法的优劣是影响景像匹配制导系统可靠性和匹配定位精度的关键。依据飞行器景像匹配制导系统的工作流程,一个完整的景像匹配软件(算法)结构如图 1.3 所示。

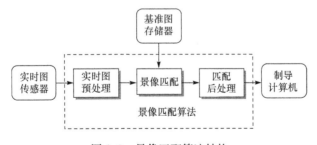

图 1.3　景像匹配算法结构

实时图的预处理包括图像滤波、几何校正、灰度校正等内容,本章 1.3 节将详细论述;景像匹配即我们经常提到的普通意义下的景像匹配算法;匹配的后处理主要有匹配位置的误匹配点剔除、随机误差滤波、亚像元(sub-pixel)插值等内容。

在飞行器制导中,景像匹配算法是分析实时图与基准图相对位置或特征属性的方法过程。在景像匹配制导中,匹配算法的重点是分析实时图与基准图的相对位置,其应用原理如图 1.4 所示。

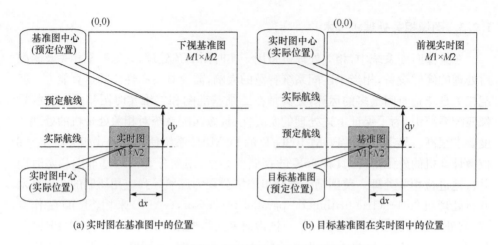

(a) 实时图在基准图中的位置　　　　　　　(b) 目标基准图在实时图中的位置

图 1.4　基准图与实时图的相对位置原理示意图

图 1.4 给出了有偏移情况下,基准图与实时图的相对位置示意图。图 1.4(a)为下视景像匹配制导算法的匹配模式,与图 1.1 对应,基本原理是,首先利用飞行器的飞行航迹下方的事先侦察到的一系列地面图像制备基准图,并将之存入飞行器计算机的存储器中;然后,当携带图像传感器的飞行器飞至预定位置时,实时获取地面景像图,得到实时图;最后,将实时图与预存入计算机中已知地理位置关系的基准图进行配准比较,确定出飞行器当前偏离理想位置的纵向和横向偏差,利用这些数据完成飞行器的导航和制导功能。

图 1.4(b) 为前视景像匹配制导算法的匹配模式,与图 1.2 对应,其原理与下视景像匹配制导的区别在于,前视基准图既可以是包含场景的前视图像,也可以是反映目标本质特性的各种特征模板。实时图则是在武器距离目标区一定距离时,由其自身携带的传感器实时获取的前方或前下方的景像图。匹配的目的是确定基准图(模板)在实时图中的位置,实现目标的识别,主要用于目标定位与跟踪。这种模式因为与目标有直接联系,因此也是图像自动目标识别的重要形式之一。

据报道,美国战斧巡航导弹的 DSMAC 系统,采用的匹配算法是绝对差算法[1,11]。国内景像匹配制导系统的研制起步较晚,对几种基础算法,如绝对差算法、归一化积相关算法、去均值归一化积相关匹配算法、积相关算法、边缘匹配算法等进行了实验论证[11,17]。依据工程上匹配系统对算法的要求(工程上的要求是简单、实用、可靠),国内众多科研院所为此进行了不懈的努力与积极的探索。本章1.4 节将对景像匹配算法的研究概况进行详细论述,这里不再赘述。

显然,景像匹配算法是景像匹配系统中的软件部分,其性能是决定匹配系统精度及可靠性的关键因素之一。由于匹配算法的研究更多的是理论分析、程序设计与仿真评估,可以独立于硬件环境,方便地开展系统而深入的研究工作,因此成为飞行器景像匹配制导技术研究中的热点问题。

1.3 图像的匹配预处理

图像的预处理是为了使人们更全面、更有效地利用图像信息,达到认识世界、改造世界的目的。近年来,国内外出版了较多图像处理方面的著作[18-21],为图像处理技术在飞行器导航与制导领域的应用提供了有力的理论支持。在异源景像匹配制导中,匹配预处理可以分为基准图的预处理和实时图的预处理。匹配预处理的主要作用包括两方面:一方面是为了消除畸变干扰,增强基准图与实时图的相似性;另一方面是为了适应匹配算法要求,提高匹配算法的可靠性和鲁棒性,进而改善系统的匹配概率与匹配精度。预处理的主要内容包括非均匀性校正、滤波去噪、灰度校正、几何校正、特征提取等。基准图的预处理是基准图制备的重要环节及关键技术之一,国内已开展了大量的研究工作,取得一些研究成果[4,17,22]。图 1.5 给出了基准图预处理的基本流程。关于研究中采用的方法,简要总结如表 1.1 所示。

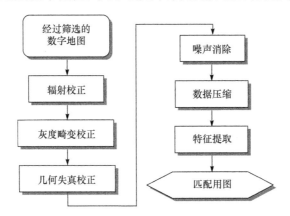

图 1.5 基准图预处理流程图

表 1.1 基准图预处理的主要方法

名称	功能	常用方法
辐射校正	消除成像非均匀性、减光作用、景物的光斑效应的影响及由传感器系统引起的黑斑	定标法、场景法、直方图法、回归分析法等
灰度畸变校正	恢复成像时由于地面光照度不合适而造成曝光不足或过度	线性加权法、直方图均衡法等
几何失真校正	减小传感器成像方式及位置、姿态的变化,加之地球旋转、地形起伏、地球曲率等因素的影响	透视变换、仿射变换、多项式变换等

续表

名称	功能	常用方法
噪声 消除	消除传感器噪声或 其他噪声干扰	统计滤波、中值滤波、 邻域平均滤波
数据 压缩	减少匹配数据量 提高匹配速度	邻域平均、中值滤波 特征提取等
特征提取①	提高匹配算法对灰度或 几何畸变的抑制作用	边缘检测、角点检测、 纹理分析等

在实际应用中,图像预处理算法的选择,应视图像获取条件及景像匹配算法的类型而定。针对飞行器异源景像匹配制导,由于制导图(包括基准图与实时图)的异源特性,基准图与实时图存在较大差异,实时图的预处理更显重要。异源从广义上讲,就是指不同来源方式,主要体现在[2,13,21]如下方面。

① 不同平台,主要是指不同的卫星图片(SPOT5、IKONOS、PIONEER)、航片(实际挂飞航拍照片)等。

② 不同传感器,如可见光、红外、SAR 及激光雷达成像等。

③ 不同时相,如不同时间、不同季节及不同视角等。

对于遥感图像分析,异源也可指多光谱、多波段[23],文献[23]~[25]提出多模(multi-modal)景像匹配与多源(multi-source)景像匹配的概念,均表示多种模态、多种状态、多种形式的含义,其意义与本书类似。

实时图是飞行器飞行至匹配区上空时,实际拍摄到的地面景像特征。针对景像匹配制导中的实时图预处理问题,大多数文献只给出其主要内容,并未作系统深入的研究。文献[2]、[4]、[11]指出,实时图的预处理需要解决分辨率调整、非均匀性校正、几何误差校正、图像滤波恢复、改善灰度分布等技术问题。实时图预处理可参考基准图预处理的相关内容,但必须与实时图传感器特性及飞行器的飞行环境密切结合。图像处理与分析的一些经典或最新方法对实时图的预处理具有重要的借鉴意义。参考表 1.1,图像非均匀性校正可采用的算法很多,主要分为两大类,即基于定标和基于场景的校正方法[26,27]。定标法包括一点法、两点法及扩展的两点法等。目前,国内外的大量研究工作集中在基于场景的非均匀性校正算法,

---

① 需要指出的是,对于基准图的预处理,特征提取是只在特征基准图的生成时才具有的内容,将其归入预处理,是相对于匹配而言,而绝大多数文献将特征提取作为匹配算法中特征空间选择的主要方法,成为基于特征的匹配算法的重要组成部分。严格地讲,这与特征的属性有关,即特征是全局特征(global feature),还是局部特征(local feature),但这并不影响问题的分析,本书不作统一界定。针对异源景像匹配问题,本书将在景像匹配算法的论述中对图像特征详细介绍。

如时域高通滤波算法、人工神经网络(ANN)算法、卡尔曼滤波(KF)算法及恒定统计平均校正算法等[26-29]。关于实时图的滤波去噪问题,可以采用的方法有低通滤波器法、四邻点平均法、中值滤波法、高斯滤波法、同态滤波法及最小总体方差滤波法、维纳滤波法、卡尔曼滤波法等[18-20,30]。关于图像的几何校正,常用的方法有仿射校正法与基于控制点的校正方法等[19,31]。关于图像的灰度校正,主要采用灰度级线性变换法、直方图均衡化、直方图规格化等[18,19]。文献[32]研究了面向景像匹配制导图预处理问题,利用灰度级线性变换法及灰度直方图均衡化对基准图进行灰度校正处理,通过可匹配性度量参数分析及匹配仿真实验,验证了灰度校正在改善基准图匹配性能中的实用意义。近年来,图像处理与分析技术飞速发展,很多新的理论与方法,如模糊数学、数学形态学、人工神经网络、小波分析、分形理论、粗糙集理论等,在图像处理、恢复与校正中得到应用[33-35]。这些方法对景像匹配实时图的分析与处理具有很好的参考价值,但能否用于飞行器图像信息处理,还需要结合景像匹配系统的实际工作特性研究商榷。

为此,本书第 2 章针对飞行器实时图的匹配预处理问题进行探讨论述,希望有更多图像处理界的专家投入到这一领域的研究中,提出新的更科学、有效的理论与方法。

1.4　景像匹配算法研究概况

自 20 世纪 70 年代美军提出景像匹配制导的思想以来,作为景像匹配制导技术的重要标志,景像匹配算法的研究一直是人们关注的热点与难点问题。按照匹配处理的数据对象,景像匹配算法可以分为三个层次,即基于像素灰度的匹配算法、基于图像特征的匹配算法、基于图像理解和知识推理(又称基于解释)的匹配算法。

基于像素灰度的匹配算法直接利用图像的灰度信息进行匹配运算,每一像素的灰度特性对匹配结果都产生影响,具有定位精度高等优点,但易受干扰,经典的AD、MAD、MSD、NProd 及 SSDA[2,11,17]等算法均是灰度匹配算法。

基于图像特征的匹配算法首先根据图像的灰度特性提取图像的固有特征,然后在这些特征的基础上进行匹配,如各种基于图像边缘特征或其他不变特征的匹配算法[36,37]。此类方法比基于灰度的匹配算法具有更高的可靠性,在异源景像匹配中具有重要的应用意义,但这类算法对特征提取方法具有很强的依赖性。

基于图像理解和知识推理的匹配算法是建立在模式识别、人工智能、专家系统的基础上,需要依据先验知识建立目标区域专家库,目标的检测识别技术是这类方法的核心内容,这种方法通常用于典型目标的匹配定位、前视景像匹配。国内张天序等[38,39]在这方面做了大量工作,针对雷达与光学图像的匹配问题,提出一种基于学习和检验的典型地物目标雷达和可见光图像共性特征分析和建模的研究框架。通过对典型的地面目标(如大型建筑、油罐、机场跑道、港口等)可见光图像和雷达成像之间的共性特征进行分析研究,采用人工智能原理构建若干典型地物目标共性特征知识库,这种方法相当于将自动目标识别技术(automatic target recognition,ATR)的思想引入景像匹配中,在工程应用上,还需要进一步深入研究和论证。

1.4.1　景像匹配算法结构分析

Brown[40]对 1992 年以前的异源景像配准(image registration)方法作了系统总结,并且指出各种配准算法都是 4 个基本要素的不同选择的组合,即特征空间、相似性度量、搜索空间、搜索策略。特征空间的选择决定了图像的哪些特征参与匹配,哪些特征将被忽略;相似性度量是指用什么样的方法来衡量匹配图像特征之间的相似性;搜索空间指所有可能的变换组成的空间;搜索策略是指在搜索空间采用何种方法找到一个最优结果,使得相似性度量达到最大值或最小值。参照这一思想,考虑到景像匹配算法有关定位识别的特殊要求,可以认为特征空间、相似性度量、控制策略是构成景像匹配算法的三要素[11,41]。

(1)特征空间

图像特征是对图像的一些特定内容属性的描述,在不同程度上,它对图像畸变有一定的抑制作用。例如,图像的边缘特征对灰度畸变有一定的抑制作用;图像的不变矩特征对几何畸变不敏感;图像的拓扑特征则对灰度及几何畸变均不敏感。对于景像匹配系统而言,拓扑特征是比较理想的选择,但由于拓扑特征提取较为复杂,考虑到景像匹配的实时性要求,这一方案难以付诸实际应用。

异源景像匹配制导中,制导图的边缘特征是最常采用的图像特征之一,是图像特征研究中的热点、难点问题[13,14,42]。目前,具有代表性的边缘检测算法已有十多种[43-49],如传统的基于图像灰度微分的 Gradient、Roberts、Sobel、Prewitt、Laplacian、Kirsch、Isotropic、Robinson 等边缘检测算子;先滤波后检测边缘的 LOG 算子、Canny 算子、沈俊算子、Defiche 算子;基于曲面拟合的 Prewitt 多项式曲面拟合算子、Haralick 最佳曲面拟合算法、Hueckel 图像边缘拟合算法、模糊边缘检测算法、神经网络边缘检测算法、分形法、流形拓扑法、数学形态学方法、小波边缘检测算法、松弛法、遗传算法、自适应模糊神经网络算法、基于数据融合方法的边缘检测方法等[50-54],其他典型图像特征还有线特征、面特征、角点特征、局部熵特征、AAM特征、ASM 特征、SIFT 特征、SURF 特征等[55-60]。目前,有大量的文献研究图像特征,但针对飞行器异源景像匹配制导应用的研究并不多见。

文献[53]系统研究了面向景像匹配制导的边缘检测技术,对多种方法进行了仿真对比,进而探讨这些方法在景像匹配定位中的可用性,对于景像匹配系统选择边缘检测算法具有一定的参考意义,但匹配实验仅是建立在在基准图上截取子图的基础上进行的,因此得到的匹配概率具有很大的主观性。同时,文中并未对二值边缘与边缘强度对景像匹配概率的影响进行比较分析,也是研究的一大缺憾。

本书第 3 章针对异源景像匹配制导需求,研究了几种实用的边缘检测方法,并基于卫星影像与实测数据,利用异源景像匹配实验分析了这些算子的检测性能,为匹配制导系统算法的选择提供了决策依据。同时,对于基于目标特征知识的匹配识别问题进行了探索研究。

(2) 相似性度量

距离度量与相关度量是景像匹配相似性度量准则中最基本的两类[17,41,61-66]。距离度量有海明(Hamming)距离、欧氏(Euclid)距离、Hausdorff 距离等。相关度量有积相关(Prod)、归一化积相关(NProd)、Fourier 相位相关、相关系数等。还有其他多种基于 Hausdorff 距离思想而发展的度量方法[67-70],如 Dubussion 与 Jain 提出了改进的 Hausdorff 距离[67];Azencott 提出了 CHD 距离度量[68];Lu 与 Chew 等提出一种加权 Hausdorff 距离[69]。其他典型的度量方法还有基于概率测度的相似性度量[70]、基于 Fuzzy 集的相似性度量[71]、基于共性信息(mutual information,MI)的相似性度量[72,73]、基于最大似然的相似性度量[74,75]等。本书第 4 章系统研究了异源景像匹配中的相似性度量方法,分析比较了几种实用的相似性度量的实际性能,提出一种新的相似性度量方法,即投影度量[76]。

(3) 控制策略

景像匹配算法的控制策略可以分为搜索策略(searching strategy,SS)、匹配策略(matching strategy,MS)、融合策略(fusion strategy,FS)[77-80]。这些策略的选择对于减少计算量、提高匹配算法可靠性、鲁棒性具有重要作用。常用的搜索策略有穷举搜索、层次性搜索、多尺度搜索、序贯判决、松弛算法、广义 HOUGH 变换、线性规划、树与图匹配、动态规划、启发式搜索等[2,4,11,77];匹配策略有金字塔分层、先粗后精、基准图多子区、内含式匹配(大基准图、小实时图)、穿越式匹配(小基准图、大实时图)等[79-81];融合策略主要体现在匹配的后处理方面,这方面的研究鲜有报道。本书第 5 章和第 6 章以此为切入点,研究了异源序列景像匹配结果的融合问题,为景像匹配制导算法的研究提供了新思路。

以上三要素的不同组合就形成各种不同的匹配算法。例如,基于 Euclid 距离的 MSD 算法,表 1.2 给出了各种算法依据三要素的分类情况[2,4,11,61-90],分类的标准是依据算法特点(名称)侧重的要素。

表 1.2　匹配算法分类表

匹配算法		
根据特征空间	根据相似性度量	根据控制策略
边缘匹配算法、线特征匹配算法、不变矩匹配算法、纹理特征匹配算法、基于几何约束的轮廓匹配方法、基于图像直方图的匹配算法、模糊熵差景像匹配算法、基于物理特征的分层匹配算法、基于线特征多层限制的松弛表匹配算法	AD、MAD、SD、MSD、NProd、相位相关匹配算法、Hausdorff 距离的匹配算法、相关系数匹配算法、去均值归一化积相关匹配算法、基于 MI 的匹配算法、最小二乘精匹配算法、基于模糊相似度的模糊匹配算法、带约束条件的最小二乘匹配算法、基于投影度量的匹配方法、贝叶斯景像匹配算法	灰度与特征相融合的匹配算法、基于小波的由粗到精匹配方法、基于神经网络的匹配算法、基于小波的实时景像匹配算法、基于遗传算法的快速匹配算法、模拟退火匹配算法、幅度排序匹配算法

　　显然，匹配算法的三要素并不是相互独立的，彼此间具有一定联系，相互影响、相互制约，只有把它们恰当地组合在一起，才能构成一种有效的匹配算法。虽然研究匹配算法的文献很多，但在景像匹配制导系统中的应用仍然存在很多技术问题，特别是匹配的可靠性、鲁棒性问题仍未彻底解决，针对武器系统的需求及异源匹配的复杂条件，需要进一步深入研究可靠性高、鲁棒性好的匹配方法。本书在第三章～第 6 章，分别从特征空间、相似性度量、控制策略三个方面入手，研究了改善异源景像匹配制导方法的几个关键技术问题。

1.4.2　景像匹配算法发展趋势

　　作为现代精确制导武器的一个重要的技术研究领域，景像匹配制导技术成为武器系统研制过程中的热点问题，具有重要、广泛的应用前景。与此同时，利用高科技手段进行伪装、迷惑、预警、干扰的反侦察、抗精确打击技术也备受关注，相关技术也得到飞速发展，这对精确制导武器提出了更高要求，景像匹配技术面临新的考验与更严峻的挑战。总体上讲，景像匹配算法将依据传感器的发展及飞行器智能化的要求不断向适应性好、可靠性高、鲁棒性强等方向发展。

　　（1）异源匹配模式是景像匹配发展的重要特点

　　为保证景像匹配制导系统的全天候、全天时工作能力，仅依靠单一传感器获得的图像数据进行匹配定位识别往往不能满足要求。例如，对于可见光电荷耦合器件（charge coupled device，CCD）相机，在白天和能见度较好的情况下能够实现精确匹配，但是在夜间或存在云层和浓雾等环境条件下，却无法进行匹配。在伊拉克战争中，美国多枚精确制导武器因为目标区上空存在油井燃烧产生的浓烟而发生误炸的情况，正是由于在匹配过程中因为地面受浓烟遮挡而导致误匹配的结果。因此，研究异源或多源景像匹配问题符合新一代精确制导武器的发展方向[2-4,23]。

(2) 增强景像匹配的可靠性与导航功能至关重要

可靠性指标-匹配概率是衡量算法性能优劣的重要参数。以往研究多集中在改进特征检测方法或是相似性度量方面,强调单一算法的目标定位或识别能力。随着图像采集技术、计算机技术的飞速发展,信息的快速获取与实时处理为算法的综合集成、控制融合提供了技术支持。研究动态景像匹配算法成为符合应用需求的新亮点[92-94],包括多帧匹配融合、序列图像匹配、多算法融合、动态特征检测、匹配滤波处理等新的研究内容。同时,我们知道,景像匹配思想最初提出主要是用于飞行器的精确定位,各种支持技术的发展促使景像匹配技术导航功能的拓展研究,除了已有的精确定位、目标识别等功能外,景像匹配在飞行测速、航向测量、姿态分析等方面得到研究人员的重视。

(3) 直接对目标进行识别跟踪是发展的重点方向

景像匹配技术发展是从下视景像匹配模式起步的,包括战斧 BGM109 系列及其他各国巡航导弹的末制导均是采用下视模式。21 世纪以来,各次局部战争表明,信息化战场对武器系统的作战要求越来越高,巡航导弹的打击目标从固定目标到时敏目标(time sensitive/critical target,TST/TCT)[95,96]、从高大建筑到低矮库房甚至地下设施,景像匹配与目标联系越来越密切,地面自动目标识别技术成为精确制导武器系统发展中的关键技术。美国的众多精确制导武器系统均采用了红外成像末制导方式,具有发射后不管(FAF)及自动目标识别(ATR)能力。这些武器系统在适应复杂战场环境及拓展攻击目标类型等方面还需要不断改进完善。例如,复杂背景下红外图像自动目标识别仍是当前研究的热点与难点课题,设计有效的 ATR 算法是各国研究人员不遗余力探索的重要方向。

总之,景像匹配技术是多学科领域交叉融合的产物,航天技术、传感器技术、计算机技术等领域的飞速发展,极大地推动了景像匹配技术理论及其应用的深入发展与不断创新。近年来,我国航天遥感技术、卫星应用技术正在逐步与国际接轨,"尖兵"系列军用情报侦察卫星相继发射成功,卫星遥感侦察技术大幅提高,为景像匹配制导技术的研究与发展提供了可靠、有力的资源保障。图像传感器也由可见光向红外、雷达等多源传感器方向发展。研究面向异源景像匹配制导的可靠性高、适应性强、鲁棒性好的匹配识别方法是符合武器系统应用背景及发展方向的重要内容与关键技术之一。本书结合景像匹配算法的结构组成与性能要求,有针对性地进行了相关具体问题的分析、思考与总结,部分算法(方法)的设计与提出还缺乏理论深度,具有较大的局限性,期待能为相关问题的改善与解决提供思路启发或技术参考。

1.5　景像匹配仿真技术

由于仿真具有高效、可靠、安全、经济、保密和在可控环境内多次重复运用的特点,因此成为导弹武器系统研制中必不可少的重要手段[97,98]。利用景像匹配仿真技术,主要可以完成以下工作。

① 匹配算法的性能验证与评估。

② 基准图的适配性估计(可匹配性检验、可识别性分析)。

③ 景像匹配制导系统的优化、定型实验。

伴随着景像匹配技术研究的不断深入,有关景像匹配仿真的理论、方法与技术也受到国内研究人员的日益重视。国内在算法性能评估指标体系的建立、仿真与评估方法、仿真环境等方面取得了一些研究成果[13,99-108]。文献[99]分析了影响景像匹配精度的各种因素,给出了它们的误差仿真模型,并利用该模型对算法进行匹配概率估计。文献[100]研究了景像匹配评估系统中图像特征指标的选择问题,分析验证了这些特征指标与算法匹配性能的关系,并在匹配概率、匹配误差、匹配时间的基础上,引入对景像类型的适应能力和对成像畸变的适应能力两个指标对算法进行评价。文献[101]给出了基于景像灰度相关匹配的自主导航系统的正确匹配概率的一个估计模型,对于匹配制导系统的设计具有理论参考意义。文献[102]对实验分析方法进行了研究,给出了一种下视景像匹配算法性能评估系统方案(软件),设计了数字景像图的计算机模拟生成方法。文献[103]介绍了一种由仿真计算机、SGI工作站、投影仪和投影屏幕组成的景像匹配仿真系统,对图像处理技术在景像匹配仿真中的应用进行了研究。文献[104]以景像匹配性能评估为背景,架构了面向ICCD相机仿真成像的软件系统ICCD-SIG。华中科技大学研制了景像匹配算法评估软件系统,提出了基于质量保证的景像匹配实验评估模型,可完成匹配算法的适应性和鲁棒性分析[105]。北京航空航天大学[106]针对匹配制导系统的性能评估,深入研究了景像匹配导航系统全局仿真技术,提出开展仿真研究的四个重要环节,即计算机仿真、半实物仿真、飞行实验仿真和系统评估仿真,初步实现了仿真平台的一些功能,对于景像匹配制导仿真技术的研究起到了重要的推动作用。哈尔滨工程大学研制了下视及前视景像匹配仿真转台[107],对于研究景像匹配制导的半实物仿真具有重要意义。国防科技大学于起峰教授带领的团队建立了依托精密转台、成像系统及场景沙盘的景像匹配系统仿真演示平台[108],实现了图像数据实时采集、图像预处理与特征分析、匹配算法实时仿真演示等功能,可以对不同的处理算法及匹配算法的性能进行评估。这些平台主要采用基于基准图的实时图生成策略,且设计并未考虑景像匹配制导系统的其他重要研究内容,如基准图的可匹配性检验、图像的特征提取、算法的鲁棒性分析等问题,对于仿真方法及技术手段,还需要进一步完善。

可以看出,在景像匹配制导技术研究的牵引下,国内关于景像匹配仿真技术的研究取得了一些理论与技术成果,但国内研究大多数是基于纯数字仿真,很少有可见光 CCD 相机、红外探测器、转台等硬件设备参与,且仿真的内容较为单一、仿真研究与工程背景联系不够密切,大部分仅仅停留在算法性能验证这一层次。站在系统集成的高度,对于仿真技术在武器系统研究与发展的作用来讲,国内景像匹配仿真技术的研究才刚刚起步。针对这些问题,本书作了一些基础性工作,包括三部分内容。

本书在第 3 章,结合边缘强度匹配算法研究,从匹配算法可靠性、精确性、实时性(快速性)、鲁棒性(包括适应性)四个方面,系统论述了算法的性能评估指标体系,重点研究了匹配算法的鲁棒性问题。

本书第 7 章设计了实用的景像匹配仿真方法与策略,可以有效完成景像匹配算法的性能评估,基准图的适配性估计,实时图的可匹配性检验,从而为算法验证与性能评估提供方法支持,为飞行任务规划与决策提供参考依据。

本书第 8 章结合景像匹配的主要研究内容,综合课题组研究成果,设计并实现一个异源景像匹配实验与仿真系统,为研究的深入开展、相关理论与方法的实用化与工程化,提供有效的技术支持与服务平台。

1.6 本书主要内容

景像匹配技术在飞行器的精确导航与制导中具有重要而广泛的应用前景,异源景像匹配模式是提高飞行器制导性能的重要途径。国外在高性能图像传感器、高性能制导计算机的研发上投入了大量资金,在基准图的制备上也针对任务需求随时提供匹配地区的高分辨率卫片或航片,并采用高性能的基准图制备系统完成基准图的保障,与此同时还积极开展高适应性景像匹配算法的研究工作。相比之下,国内在相关方面的研究具有广阔的空间,研究工作任重而道远。

本书结合飞行器景像匹配制导算法结构,系统深入研究了飞行器异源景像匹配算法与仿真技术。重点研究了实时图的预处理、异源景像的共性稳定特征提取、匹配算法相似性度量的选择、序列景像匹配结果的融合、序列景像匹配测速与目标识别以及景像匹配仿真等问题。本书总体结构安排如图 1.6 所示,图中用箭头标出了各章之间的内在联系。

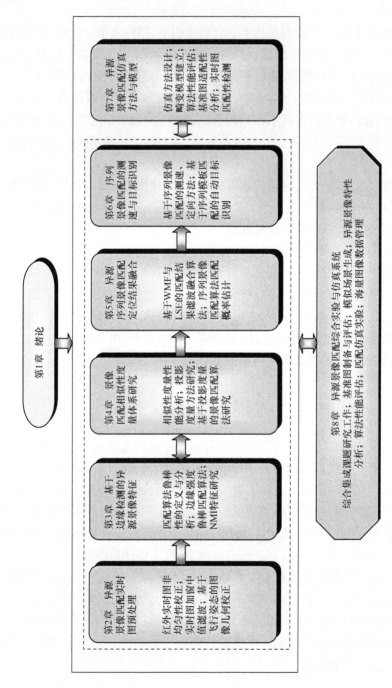

第1章　绪论

第2章　异源景像匹配实时图预处理
红外实时图非均匀性校正；实时图加窗中值滤波；基于飞行姿态的图像几何校正

第3章　基于边缘检测的异源景像特征
匹配算法鲁棒性的定义与分析；边缘强度鲁棒匹配算法研究；基于边缘强度量的景像匹配算法研究

第4章　景像匹配相似性度量体系研究
相似性度量性能分析；投影度量方法研究；基于投影度量的景像匹配算法研究NMI特征研究

第5章　异源景像序列景像匹配定位结果融合
基于WMF与LSE的匹配结果滤波融合算法；序列景像匹配算法匹配概率估计

第6章　序列景像匹配的测速与目标识别
基于序列景像匹配的测速、定向方法；基于序列模板匹配的自动目标识别

第7章　异源景像匹配仿真方法与模型
仿真方法设计；畸变模型建立；算法性能评估；基准图适配性分析；实时图匹配性检测

第8章　异源景像匹配综合实验与仿真系统
综合集成课题研究工作；基准图制备与评估；模拟场景生成；异源景像特性分析；算法性能评估；匹配仿真实验；海量图像数据库管理

图1.6　本书总体结构安排示意图

第 1 章为绪论,概要论述了景像匹配制导基本内涵、相关技术的研究现状及应用情况、本书的研究内容及结构安排。

第 2 章研究了异源景像匹配实时图的预处理问题。对实时图的各种畸变因素进行了分析,研究设计了一种基于变积分时间的红外焦平面非均匀性校正算法,能够对红外焦平面进行快速定标,从而消除实时图中的非均匀性噪声;设计了一种加窗中值滤波器,将其应用于实时图的滤波预处理,在高斯与椒盐噪声混合的情况下,具有很好的滤波效果;为了消除因飞行姿态变化引起的几何畸变对匹配精度的影响,依据飞行姿态,建立了实时图的几何畸变数学模型,分析了各种姿态角条件下,实时图的畸变类型,提出一种基于飞行姿态的实时图几何校正新方法,通过匹配仿真实验,验证了该方法在提高匹配精度方面的重要意义。

第 3 章围绕基于边缘检测的异源景像共性特征提取问题展开研究。针对飞行器制导的应用需求,分析比较了 Roberts、Sobel、Prewitt、Laplacian、LOG 5 种边缘检测算子的检测性能;基于边缘强度,结合 NProd 相似性度量方法,给出了 5 种匹配算法,对其性能进行了评估分析;定义了景像匹配算法鲁棒性,包括鲁棒稳定性与鲁棒性能的概念,完善了算法的性能指标体系,将其应用于以上边缘强度匹配算法的性能评估中,得到了算法鲁棒性的定量分析结果;在图像二值边缘特征的基础上,定义了图像的 NMI 特征,对其 GTRS 不变性进行了分析证明,为研究基于目标特征知识的智能化匹配方法提供了理论参考。

第 4 章深入研究异源景像匹配算法的相似性度量准则体系。对常用的相似性度量方法进行比较分析,从空间几何的角度,提出一种新的景像匹配相似性度量方法,完备了景像匹配相似性度量体系,理论分析了该方法相对于距离度量及相关度量的优良性能。基于 Proj 度量,结合不同的图像特征,设计了 3 种实用的景像匹配算法,对其匹配性能进行了评估分析,并验证了 Proj 度量的有效性和实用性。

第 5 章研究异源序列景像匹配的结果融合问题。对序列景像匹配的结构原理进行系统论述,分析融合问题的基本特点与要求;提出一种基于 WMF 与 LSE 的匹配结果滤波融合算法,分析验证了该方法在改善匹配精度中的有效性;基于数理统计理论,给出一种序列景像匹配概率的估计方法,并进行了实例分析。

第 6 章研究基于序列景像匹配的飞行测速与目标识别方法。利用动态景像匹配算法得到的位置序列,研究两种动态景像匹配测速与定向算法,实现了传统景像匹配算法功能的拓展;针对复杂背景条件下的地面目标,研究设计了一种基于序列模板匹配的前视 ATR 算法,包括相应的基准模板制备、算法识别策略、动态结果融合等关键内容,通过 ATR 仿真实验验证了该方法的有效性。

第 7 章研究实验室条件下的异源景像匹配仿真方法与策略。设计了实用的异源景像匹配仿真方法,介绍其基本思路,给出 3 种匹配仿真模式,对其中基准图的制备、实时图的生成技术进行了研究论述,建立了 10 种实用的畸变模型,通过具体应用实验验证了这些方法的实用意义。

第 8 章提出并构建异源景像匹配综合实验与仿真系统,综合集成本书研究的理论成果及景像匹配制导领域的相关技术内容。论述了该系统的硬件结构、软件组成、工作原理及主要功能,给出几种典型的应用实例,为推进研究工作的深入开展,以及研究成果向工程应用的转化提供技术支持。

第2章 异源景像匹配实时图预处理

实时图的预处理是为了提高匹配的可靠性与匹配精度。本章针对匹配制导系统实时图存在的非均匀性、噪声干扰及几何畸变问题,首先研究设计了一种基于变积分时间的红外焦平面非均匀性校正算法,通过改变积分时间的方法拟合红外焦平面探测器的平均响应特性曲线,对非均匀性噪声进行两点校正;然后,提出一种新的实时图加窗中值滤波算法,通过与经典的邻域均值滤波器、中值滤波器、Butterworth 低通滤波器、Wiener 滤波器的滤波比较实验,验证其优良的滤波性能;最后,基于飞行器姿态角及飞行高度信息,提出一种实时图几何畸变校正方法,通过理论分析与仿真实验验证了该方法在提高匹配可靠性及匹配精度中的有效性和实用意义。

2.1 引　　言

在异源景像匹配制导中,对制导图进行预处理主要是基于两点考虑,一方面是消除畸变干扰、增强基准图与实时图的相似性;另一方面是适应匹配算法要求,提高匹配算法的可靠性和鲁棒性,改善匹配系统整体性能[2,42]。预处理可以分为基准图的预处理与实时图的预处理。由于应用背景的特殊性,国内以景像匹配制导为背景的图像预处理技术研究并不多见,而针对异源景像匹配制导中的实时预处理问题的研究更少。本章结合飞行器景像匹配制导系统的实际工作特点,重点研究实时图的匹配预处理问题。

实时图是飞行器飞至匹配区上空时,实际获取到的载体下方的地面景像特征信息。为了消除因摄像条件造成的各种畸变干扰,匹配运算之前必须对实时图进行有效的预处理。受获取条件影响,实时图产生的主要畸变类型有噪声干扰、几何畸变、灰度畸变[18-22]。

1. 噪声干扰

实时图在拍摄时距离地面景物较近,例如巡航导弹在贴地飞行时一般距地面 50~100m,获取的图像比较清晰,其主要噪声源是传感器噪声和信道误差等。同时,在实时图的采集、传输过程中,由于受到各种干扰因素的影响,图像总存在非均匀性、模糊、毛糙等现象,这时需要进行滤波处理,以去除图像中的噪声。实时图中的噪声主要表现为非均匀性噪声(non-uniformity noise)、高斯噪声(Gaussian noise)、斑点噪声(speckle noise)或椒盐噪声(salt pepper impulse noise)等类型。例如,可见光 CCD 图像主要以高斯白噪声及椒盐噪声为主;IR 图像中的非均均匀性噪声主要表现为空间噪声或固定图案噪声,热噪声及闪烁噪声主要表现为白噪声或有色噪声,可认为是高斯分布;SAR 图像中的主要噪声是相干斑点噪声,分布于整个图像,具有均匀分布密度,类似于热噪声的分布。以上噪声基本上都是图像中的高频分量,因此实时图在进行滤波处理时通常采用低通滤波[109]。同时,由于图像的特征如边缘特征通常是通过检测图像的高频信息实现的,因此,消除噪声对于特征检测也具有重要意义。考虑到飞行器的实时性要求,目前研究使用较多的处理方法主要有非均匀性校正法、邻域平均法、中值滤波法、高斯滤波法等[42,110]。

2. 几何畸变

无论是可见光 CCD、IR,还是 SAR 均存在几何畸变问题。这一问题对于弹上实时摄像系统具有普遍性。在实时图的获取过程中,由于图像传感器姿态的变化,加之地球旋转、地形起伏、地球曲率等因素的影响,常常会导致所拍摄图像上地物的几何位置、形状、尺寸、方位等特征与参照系统中的表达要求不一致,从而使图像产生几何畸变。依据图像几何畸变前后的差别,几何畸变可以看做是仿射、透视、偏扭、弯曲,以及更高层次的这些基本变形的综合作用结果。几何校正常采用控制点的方法[31],对于弹上实时系统,这类方法并不实用。况且,由于弹上摄像系统采用随动装置,通常对实时图的几何校正问题研究并不深入,但从提高系统可靠性、降低武器系统成本的角度讲,实现硬件软化,依靠弹体姿态信息完成实时图几何畸变的自动校正是武器系统发展的必然趋势。本书对这一问题进行了深入研究。

3. 灰度畸变

对于可见光图像,灰度畸变主要指光照与大气辐射状况引起的畸变。例如,光照亮度的改变,在阴雨天气下,图像的灰度值偏低,景物之间对比不明显;在多云天气下,光照亮度有所增加,图像可分辨度增强;在晴天条件下,图像的灰度值最亮,甚至有时会达到饱和;有雾气遮挡的情况下,图像可见度减弱;照度不均匀的情况下,图像各部分的明暗对比改变;在光照比较强时,会产生阴影区等;所有这些都带来图像灰度分布的变化,为匹配带来难度。对于 IR 图像及 SAR 图像,由于成像条件的变化也会导致系统辐射增益的改变,使得图像出现灰度畸变,其表现形式与可见图像类似。在异源景像匹配中,由于基准图与实时图获取环境及成像机理的差异性,最终导致两者在图像灰度上存在较大区别,单纯对实时图或基准图进行灰度校正并不一定能增强基准图与实时图的相似性。相反,可能会导致更大的灰度差异。解决灰度畸变的最有效的方法就是提取基准图与实时图的共性稳定特征,研究基于特征的匹配方法,从而提高系统对灰度变化的鲁棒性。本书第 3 章正是以此为背景,研究了基于边缘检测的异源景像共性稳定特征的提取及匹配问题。

本章重点研究实时图的噪声消除及几何校正问题,针对实际匹配系统,提出有效、实用的实时图预处理方法,对于改善匹配性能具有一定的参考意义。

2.2　基于变积分时间的红外实时图非均匀性校正

由凝视型红外焦平面阵列(infrared focal plane array, IRFPA)构成的成像系统不需要传统的光机扫描,具有体积小、灵敏度高、性能稳定等优点,是目前发展的主要方向。由于材料和工艺方面的原因,IRFPA 器件各探测单元对同一辐射源很难达到响应一致,也就是响应度的非均匀性问题,在图像上表现为空间噪声或固定图案噪声,因此必须对红外图像的非均匀性进行校正。本节研究的问题是如何有效消除实时图中的非均匀性噪声干扰。

红外图像非均匀校正算法很多,主要分为基于定标和基于场景的校正方法[26,27]。定标法要求在特定温度下通过黑体产生的均匀辐射对 IRFPA 定标,定标法包括一点法、两点法及扩展的两点法等。目前,国内外的大量研究工作集中于基于场景的非均匀性校正算法,如时域高通滤波算法、人工神经网络算法、卡尔曼滤波算法及恒定统计平均校正算法等[110,111]。基于场景的校正方法虽然可自动适应背景变换,也无需定标,但是通常使用图像序列并且依赖于运动,且都是面对某种特定的条件,而在对当前图像进行校正时需要用到先前图像的统计信息,计算量大,容易产生“鬼影”。因此,在实际中应用较多的还是定标法,其中以两点温度定标算法在工程应用中最为常见。该算法在实际使用过程中也暴露出不少问题,如需要标准黑体,需要设定环境温度,步骤繁琐,条件苛刻,很难实现快速简洁定标。另外,响应特性的非线性在大动态范围下对于两点温度定标算法的校正效果影响也很大。

本书提出一种基于变积分时间的红外图像非均匀性快速校正算法。该算法不仅克服了定标法对环境要求高、标定时间长的固有缺点,而且还解决了响应非线性的影响。实验结果表明,这种新算法实现了简洁快速标定,并在一定程度上解决了响应非线性影响标定效果的问题,很适合在武器装备上应用。

2.2.1　两点温度定标算法

两点温度校正法是最早开展研究、最为成熟的算法之一。应用两点温度法校正有两个前提条件,第一,探测器的响应在所关注的温度范围内是线性变化的;第二,探测器的响应具有时间的稳定性,并且其受随机噪声的影响较小,则非均匀性引入固定模式的乘性和加性噪声。在此条件下,探测元在黑体产生的均匀辐射背景下的响应表示为

$$V_{ij}(\phi)=A_{ij}X_{ij}(\phi)+w_{ij} \qquad (2.1)$$

其中，$X_{ij}(\phi)$ 为实际接收的辐射量；A_{ij} 为乘性噪声；w_{ij} 为加性噪声。

对于每一探测元，乘性和加性噪声的值是固定且不随时间变化。由于探测器各阵列单元响应的不一致，导致在同一辐射通量下各响应存在差异，需加以校正，即

$$\bar{V}_{ij}(\phi)=G_{ij}V_{ij}(\phi)+B_{ij} \qquad (2.2)$$

其中，G_{ij} 为校正增益；B_{ij} 为校正偏移量；$\bar{V}_{ij}(\phi)$ 为校正后输出。

在定标过程中，首先要选取高低温 2 个温度点 T_H 和 T_L，得到 2 个辐照度 ϕ_H 和 ϕ_L 取平均后有，即

$$\bar{V}(\phi_H)=\sum V_{ij}(\phi_H)/N \qquad (2.3)$$

$$\bar{V}(\phi_L)=\sum V_{ij}(\phi_L)/N \qquad (2.4)$$

其中，N 为参与校正的像元总数。分别代入式(2.2)中得到各探测元的增益校正系数和偏置校正系数，即

$$G_{ij}=\frac{\bar{V}(\phi_L)-\bar{V}(\phi_H)}{V_{ij}(\phi_L)-V_{ij}(\phi_H)} \qquad (2.5)$$

$$B_{ij}=\frac{V_{ij}(\phi_L)\bar{V}(\phi_H)-V_{ij}(\phi_H)\bar{V}(\phi_L)}{V_{ij}(\phi_L)-V_{ij}(\phi_H)} \qquad (2.6)$$

由此可见，该校正算法的本质是利用高温和低温黑体得到焦平面阵列各像元不同的两个响应图像，并以此为基础根据上面的公式计算出校正系数。两点温度定标算法在实现过程中需要有标准黑体，对环境要求苛刻，定标过程较为繁琐。

该算法是基于探测单元在工作范围内响应呈线性的假设，实际上探测单元的响应为非线性。如图 2.1 所示，假设定标点一为 ϕ_L，如果将定标点二选择为 ϕ_H，那么采用这种算法所假定的响应曲线为直线 L，显然在 ϕ_L 和 ϕ_H 之间及其附近的部分与真实的响应曲线非常接近，校正精度高，但是在其余的部分，假定的响应直线 L 与真实的响应曲线相差较远，校正精度显著下降。在探测器的响应动态范围很大的工程应用中，显然此时如果仍然采用线性模型，则非线性将会对非均匀性校正

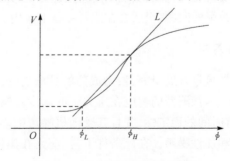

图 2.1　两点定标法误差示意图

引入较大的误差,降低非均匀性校正的性能。另外,两点温度定标算法在实现过程中需要有标准黑体,对环境要求苛刻,定标过程较为繁琐漫长,很难实现红外探测器的快速、简洁标定。

本书利用红外成像系统积分时间可变这一属性,结合两点校正法,以及非线性模型线性化,设计一种基于变积分时间的红外图像非均匀性快速校正算法。与两点温度定标算法相比,此算法在一定程度上满足了武器装备对快速反应能力的要求,提高了校正精度。

2.2.2　基于变积分时间的非均匀性校正算法

1. 基于变积分时间的两点法

焦平面正常工作时存在一个合适的积分时间区域,在该区域中,随着积分时间的增加各探测元平均输出的响应值也逐渐增加[27]。因此,在系统的动态范围内,可以采用最小二乘法拟合焦平面阵列各探测元的平均响应特性,然后采用两点法得到各探测元的增益校正系数和偏置校正系数。

设焦平面阵列探测器正常工作时有 N 个积分时间,其集合为 $T=[t_1,t_2,\cdots,t_n]$,对同一均匀入射辐射在各积分时间下采集到各像元的平均响应数据集为 $X=[x_1,x_2,\cdots,x_n]$。基于变积分时间的非均匀校正算法如下。

① 采用最小二乘法拟合焦平面阵列各探测元的平均响应特性,根据探测器的响应模型,所采用的拟合模型如下,即

$$X(i)=kT(i)+b \tag{2.7}$$

其中,k 和 b 为拟合系数,$i\in\{1,2,\cdots,n\}$,通过解方程组可以求得下式,即

$$k=\frac{N(\sum X(i)T(i))-\sum X(i)\sum T(i)}{N(\sum T(i)^2)-(\sum T(i))^2} \tag{2.8}$$

$$b=\frac{(\sum T(i)^2)(\sum X(i))-(\sum T(i))(\sum T(i)X(i))}{N(\sum T(i)^2)-(\sum T(i))^2} \tag{2.9}$$

② 选取高低两个积分时间得到焦平面阵列各探测元在高积分时间的响应数据 $V_{ij}(T_H)$ 和在低积分时间的响应数据 $V_{ij}(T_L)$,这两个积分区间上探测器的响应平均值可通过式(2.7)得到,这样套用式(2.5)和式(2.6)可以得到各探测元的增益校正系数和偏置校正系数。

基于变积分时间的两点法的优点是不再需要标准黑体,只要不打开镜头盖或者用铝板遮挡镜头就可以进行标定,为探测器在使用前进行快速标定提供了保障。但是从算法本身看,仍是以假设红外探测元的响应为线性响应为前提条件的,因此依然存在前面所述的模型误差。

2. 非线性模型

根据长期工程实践经验得出的 IRFPA 探测元非线性响应曲线可近似表示为[112]

$$V=A/(1+\exp(B\phi+C))+D \qquad (2.10)$$

其中,V 是某探测元的响应输出值;ϕ 为某探测元入射的红外辐射通量;A,B,C,D 分别是此探测元响应曲线的参数。

对式(2.10)两边取对数后,其变为如下形式:

$$\ln\left(\frac{A}{V-D}-1\right)=B\phi+C \qquad (2.11)$$

令 $S=\ln\left(\dfrac{A}{V-D}-1\right)$,则 S 与输入 ϕ 之间为线性关系,这就满足上述的基于变积分时间的两点法线性假定的条件,从而可以采用其进行校正处理。

3. 基于变积分时间的非均匀性校正过程

校正过程如下。

① 首先盖上红外焦平面的镜头盖,或将镜头对准均匀铝板。

② 按照设定的积分时间序列,依次拍摄,存储各次的图像数据。

③ 根据式(2.8)和式(2.9)求出拟合系数。

④ 在有效积分时间范围内设定两个积分时间 $T_1,T_2(T_1>T_2)$,通过式(2.7)得到探测器的响应平均值。

⑤ 按照两个设定的积分时间,依次拍摄,存储各次的图像数据,得到各探测元的响应值。

⑥ 对每个探测单元的响应值取对数 $S=\ln\left(\dfrac{A}{V-D}-1\right)$,以进行非线性压缩,转化为线性化的图像 S。

⑦ 根据式(2.5)和式(2.6),计算每一个探测元的响应增益和偏移量,分别存储在查找表 LUT 内,以供校正时取用。

⑧ 根据查找表 LUT 内的增益和偏移量系数,按照式(2.2)对线性化图像 S 进行校正,得到校正后线性化图像 S'。

⑨ 最后对校正处理后的线性化图像 S' 进行取指数操作 $V'=\dfrac{A}{e^S+1}+D$,即可得到原图非均匀校正后的图像 V'。

由以上校正过程描述可以看出,新算法简单易行,能够实现在探测器使用前进行快速定标。此外,新算法中采用非线性模型和指数运算,将非线性转化为线性问题,并没有过多地增加在线计算量,却达到了降低非线性响应的影响,从而提高了非均匀性校正的精度。

2.2.3　校正实验与结论

1. 实验结果评价指标

以均匀辐射条件下,焦平面阵列像元视频输出值的均方根偏差与视频输出平均值的百分比值 NU,作为非均匀度的评价指标[27],即

$$\mathrm{NU} = \frac{1}{V_{\mathrm{oavg}}} \sqrt{\frac{1}{M \times N - (d+h)} \sum_{i=1}^{M} \sum_{j=1}^{N} (V_{ij} - V_{\mathrm{oavg}})^2} \tag{2.12}$$

$$V_{\mathrm{oavg}} = \frac{1}{M \times N - (d+h)} \sum_{i=1}^{M} \sum_{j=1}^{N} V_{ij} \tag{2.13}$$

其中,V_{ij} 为焦平面上第 i 行第 j 列所对应像元的视频输出信号;V_{oavg} 为焦平面上所有有效像元的视频信号平均值(在计算视频信号的和以及非均匀性时,均不包括无效像元的信号值);M 和 N 分别为焦平面阵列的行数和列数;d 为焦平面阵列中的死像元数;h 为焦平面阵列中的过热像元数。

死像元定义为响应率小于平均响应率 1/10 的像元,过热像元定义为噪声电压大于焦平面平均噪声电压 10 倍的像元。

2. 实验结果与分析

我们选用法国 SOFRADIR 公司生产 320×240 中波制冷型凝视焦平面探测器,其有效积分时间为 0.3~53μs。盖上镜头盖后在积分时间为 1~50μs 内以 5μs 为间隔采集 20 帧图像,按照本书算法流程和两点温度校正算法原理分别对 1000 帧航拍图像进行校正实验。图 2.2 为第 10 帧航拍图像的校正实验结果。图 2.2(a)为校正前原始图像,图 2.2(b)两点温度定标法校正后的图像,按照本书算法校正后图像如图 2.2(c)所示。实验结果表明,两种算法都可以有效改善图像的非均匀性,但本书算法不需要标准黑体,可以快速对 IRFPA 器件的非均匀性进行校正。为了验证本书算法适应 IRFPA 非线性响应特性的能力,将 1000 帧航拍图像按顺序分成 10 组,以模拟较大的动态范围,分别计算每一组图像应用不同算法后校正前后的平均非均匀度,实验结果如表 2.1 所示。与原图像的非均匀度相比,经过两点温度定标法和本书算法校正后,图像的非均匀度都降低了一个数量级,校正效果都很好。在大动态范围内,两点温度定标法会因探测器响应的非线性,出现误差漂移现象,校正后图像的非均匀度逐渐增大,而本书算法的校正能力相对稳定。

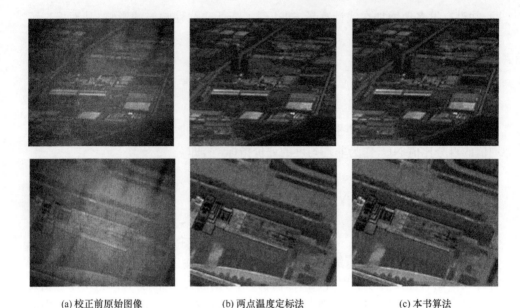

(a) 校正前原始图像　　　　　　(b) 两点温度定标法　　　　　　(c) 本书算法

图 2.2　不同算法校正前后图像

表 2.1　校正算法的适应性实验结果比较

序号	校正前	两点温度定标算法	新算法
1	9.095	0.4965	0.4369
2	9.105	0.4955	0.4935
3	8.953	0.5775	0.5013
4	9.086	0.6065	0.5022
5	10.005	0.6253	0.5578
6	9.195	0.6536	0.5986
7	9.085	0.7896	0.5612
8	9.195	0.7689	0.5531
9	8.995	0.9653	0.5428
10	8.905	1.1867	0.5769

　　本书针对两点温度定标算法在实际应用过程中存在的对环境要求苛刻,难以实现快速校正,以及存在非线性误差等问题,提出基于变积分时间的红外图像非均匀性快速校正算法。本书阐述了算法的理论基础,并通过实验给出了算法的校正效果图及对比数据。与两点温度定标算法相比,算法在一定程度上减小了由于响应非线性引起的校正误差,并省去了两点温度定标线性校正算法在实际使用时苛刻的环境条件和繁琐的校正过程,更加能满足武器装备对快速反应能力的要求,提高了校正精度,获得了满意的实际应用效果。

2.3 实时图加窗中值滤波算法

本节研究的问题是如何有效消除实时图中的噪声干扰。在数字图像处理中，用于消除噪声的滤波器主要可以分为两大类[20,113]，即空域滤波器和频域滤波器。

空域滤波是在图像空间借助模板/掩模进行邻域操作完成的。常见的空域滤波去噪方法有邻域均值滤波器和中值滤波器。

频域滤波器是基于傅里叶变换和卷积定理设计实现的。图像中的噪声对应图像频域中的高频部分，在频域中减弱高频分量，即采用低通滤波，就可达到滤除噪声的目的。理想的低通滤波器频响曲线如图 2.3 所示。频域低通滤波方法主要有 Butterworth 低通滤波器、指数低通滤波器、梯形低通滤波器等。

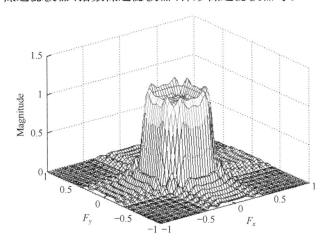

图 2.3 理想低通滤波器频率响应图

本书结合空域滤波方法中最常用的两种滤波器（邻域均值滤波器和中值滤波器）的特点，设计了一种加窗中值滤波器，在多种噪声同时存在的情况下，如高斯噪声和椒盐噪声混合时，取得了很好的滤波效果。

2.3.1 经典中值滤波算法

中值滤波（median filtering）对应的中值滤波器（median filter）是非线性滤波器，是一种典型的空域低通滤波器。中值滤波器是在 1971 年由 Jukey 首先提出并应用在一维信号处理技术中，后来被二维图像处理技术所引用。在一定条件下，中值滤波可以克服线性滤波器如邻域平均滤波、最小均方滤波等带来的图像细节模糊，而且对滤除脉冲干扰及图像扫描噪声最为有效。众多研究表明[20,42,112]，中值滤波器是一种优化的保持边缘、滤除脉冲干扰的滤波器。

1. 中值滤波原理

中值滤波就是用一个含有奇数点的滑动模板（即掩模）在数据中移动，将模板正中的那个点的值用模板内各点的中值代替。设一维数据序列$\{f_1, f_2, \cdots, f_n\}$，取模板尺寸为 m（m 为奇数），对此一维数据序列进行中值滤波，就是从输入序列中相继抽出 m 个数 $\{f_{i-v}, \cdots, f_{i-1}, f_i, f_{i+1}, \cdots, f_{i+v}\}$，其中 f_i 为窗口中心点值，$v = (m-1)/2$。将这 m 个点值按其数值大小排序，取其序号为正中间的那个数作为滤波输出。若设 y_i 为滤波输出，则一维中值滤波可以表示为

$$y_i = \mathrm{Med}\{f_{i-v}, \cdots, f_i, \cdots, f_{i+v}\}, \quad i \in n, \quad v = \frac{m-1}{2} \tag{2.14}$$

二维中值滤波可由下式表示，即

$$y_{i,j} = \underset{S}{\mathrm{Med}}\{f_{i,j}\} \tag{2.15}$$

其中，S 为滤波模板；$\{f_{i,j}\}$ 为二维数据序列；$y_{i,j}$ 为滤波输出。

二维中值滤波的模板形状和尺寸有多种样式，不同的图像内容和不同的应用要求，往往采用不同的模板形状和尺寸，常用的中值滤波模板有线形、方形、"十"字形、"X"字形，以及矩形等。常见的滤波模板形状如图 2.4 所示。

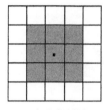　　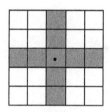　　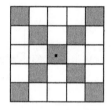

(a) 方形滤波模板　　　　　(b) "十"字形滤波模板　　　　　(c) "X"字形滤波模板

图 2.4　常见的中值滤波模板

2. 中值滤波算法步骤

中值滤波算法步骤如下。

① 将滤波模板在图像中漫游，并将模板中心与图像中某个像素位置重合。

② 读取模板中各对应像素的灰度值。

③ 将这些灰度值从小到大排列。

④ 取这一列数据的中间数据赋给对应模板中心位置的像素。

可以看出，中值滤波器的主要功能就是让与周围像素灰度值的差比较大的像素改取与周围像素接近的值，从而消除孤立的噪声点。由于它不是简单的取均值，因此产生的模糊比较少。中值滤波器实质上是百分比滤波器的 1 个特例。百分比滤波器的工作原理与上述步骤基本类似，也是先将模板中对应像素的灰度值进行排序。然后，根据某 1 个确定的百分比选取数据序列中相应的像素值赋给对应模

板中心位置的像素。例如,百分比取最大就是最大值滤波器,可用来检测图像中局部最亮的像素点;当百分比取最小就是最小值滤波器,可用来检测图像中局部最暗的像素点。当百分比取 50% 时就是中值滤波器。

中值滤波器虽然对孤立的噪声点,即椒盐噪声、脉冲噪声具有很好的滤波效果,但对于随机高斯、均匀噪声的滤波效果并不理想。结合邻域均值滤波算法的特点,本书在中值滤波算法的基础上,研究设计了一种新的加窗中值滤波算法,有效地改进其滤波性能。

2.3.2 加窗中值滤波算法原理

由上节可知,无论是中值滤波器,还是最大值滤波器或最小值滤波器,其本质均是取序列数据(排序后)中的 1 个点作为滤波结果。如果将邻域平均滤波器原理与中值滤波器原理结合,取序列数据中间部分数据的均值作为滤波结果,便是加窗中值滤波器(window median filter,WMF)的设计初衷[30]。

1. 邻域均值滤波算法

邻域均值[20](neighborhood averaging)滤波算法是最简单的空域滤波处理方法,也是最常用的线性平滑滤波器。这种滤波器的基本思想是用模板内各像素灰度的平均值来代替模板中心位置点的像素灰度值。对于大小为 $n \times n$ 的灰度图像 $f(x,y)$,若设滤波处理后图像为 $g(x,y)$,则 $g(x,y)$ 由下式计算,即

$$g(x,y) = \frac{1}{m} \sum_{(i,j \in S)} f(i,j) \tag{2.16}$$

其中,$x,y = 0,1,\cdots,n-1$;S 是以点 (x,y) 为中心的模板像素点坐标的集合,但不包括 (x,y) 点;m 是模板大小,即模板集合内像素点的总数。

滤波后图像 $g(x,y)$ 中每个像素的灰度值,均由包含 (x,y) 的预定邻域中的几个像素的灰度平均值来决定。

2. 加窗中值滤波算法设计

结合前面对中值滤波算法及邻域平均滤波算法原理的介绍,这里给出加窗中值滤波算法的设计思路与实现步骤[30]。

加窗中值滤波同样是用一个滑动模板,不同的是需要将模板正中那个点的值用模板内各点排序后的中间部分值的均值来代替。中间部分像素点数目通常取不超过模板大小 50% 的最大奇数,设其为 m_s。模板大小为 7 时,$m_s = 3$;模板大小为 9 时,$m_s = 3$;模板大小为 11 时,$m_s = 5$。

若设模板 S 内各像素点排序后的中间部分像素的集合为 S_w,则加窗中值滤波可表示为

$$g(x,y) = \frac{1}{m_s} \sum_{(i,j) \in S_W} f(i,j) \qquad (2.17)$$

现举例说明的加窗中值滤波算法与经典中值滤波算法的本质区别所在，图 2.5(a)给出滤波模板在图像中漫游时某一位置的示意图，图中数据为模板对应的灰度数据。

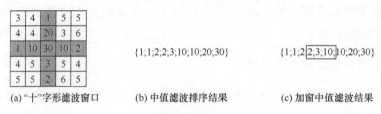

(a) "十"字形滤波窗口　　　(b) 中值滤波排序结果　　　(c) 加窗中值滤波结果

图 2.5　加窗中值滤波示意图

依据经典中值滤波原理，模板对应像素排序结果如图 2.5(b)所示，滤波输出为中间值"3"；由于模板大小 $m=9$，则 $m_s=3$，于是加窗中值滤波相当于在上述排序结果基础上取中间窗体大小为"3"的各像素值(图 2.5(c))的均值，m_s 就是中间窗体大小，即滤波结果为$(2+3+10)/3=5$。

加窗中值滤波器的模板形状与经典中值滤波器类似。若规定中间窗体最小取值为"1"，则中间窗体最大时，即 $m_s=m$，加窗中值滤波器成为邻域均值滤波器，中间窗体最小时，即 $m_s=1$，加窗中值滤波器就是经典中值滤波器。因此，在中间窗体多尺度的变化下，加窗中值滤波器将邻域均值滤波器与中值滤波器统一起来。

参照经典中值算法步骤，加窗中值滤波算法的实现步骤如下。

① 依据模板大小计算中间窗体大小 m_s。

② 将滤波模板在图像中漫游，并将模板中心与图像中某个像素位置重合。

③ 读取模板中各对应像素的灰度值。

④ 将这些灰度值从小到大排列。

⑤ 对这一列数据的中间窗体数据取均值。

⑥ 将计算结果赋给对应模板中心位置的像素。

2.3.3　滤波实验与结论

为了验证本书滤波算法的有效性，以图 2.6(a0)所示航片为例进行滤波实验（大小为 256×256，按比例缩小显示）。图 2.6(a)～(f)给出了相应的各种噪声干扰图像。采用的滤波模板如图 2.4(b)所示。对各种噪声干扰及其混合类型进行滤波实验，除本书方法外，我们还采用了经典的邻域均值滤波器、中值滤波器、频域 Butterworth 低通器，以及 Wiener 滤波器[20]，由于篇幅所限，图 2.6 仅给出了邻域均值滤波、经典中值滤波及本书加窗中值滤波的实验结果。

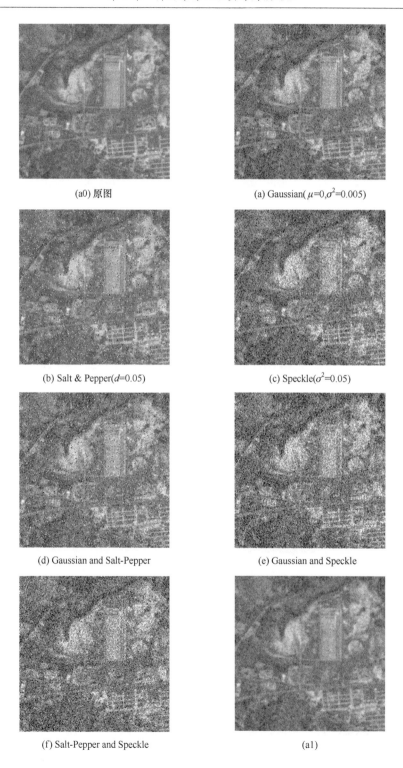

(a0) 原图

(a) Gaussian($\mu=0, \sigma^2=0.005$)

(b) Salt & Pepper($d=0.05$)

(c) Speckle($\sigma^2=0.05$)

(d) Gaussian and Salt-Pepper

(e) Gaussian and Speckle

(f) Salt-Pepper and Speckle

(a1)

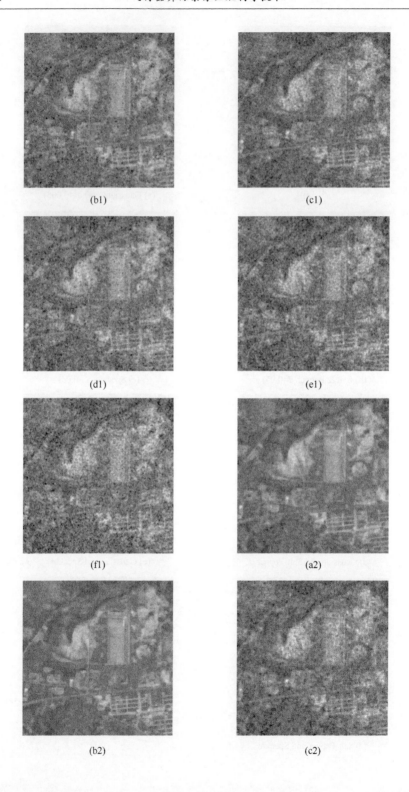

(b1)

(c1)

(d1)

(e1)

(f1)

(a2)

(b2)

(c2)

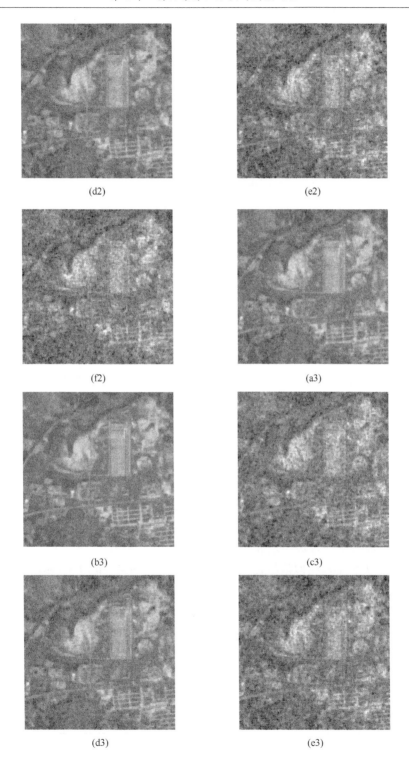

(d2)　　　　　　　　　　　　　　　(e2)

(f2)　　　　　　　　　　　　　　　(a3)

(b3)　　　　　　　　　　　　　　　(c3)

(d3)　　　　　　　　　　　　　　　(e3)

(f3)

图 2.6　滤波实验结果

　　图 2.6(a)~图 2.6(f)分别为高斯白噪声(均值为"0",方差为"0.005")、椒盐噪声(分布密度为 0.05)、斑点噪声(方差为 0.05),以及三者组合情况下的噪声干扰图像;图 2.6(a1)~图 2.6(f1)为邻域均值滤波结果;图 2.6(a2)~图 2.6(f2)为经典中值滤波结果;图 2.6(a3)~图 2.6(f3)为本书方法滤波结果。

　　与原图像及加噪图像比较可知,各种滤波方法可不同程度地滤除图像噪声干扰。对于高斯白噪声,图中给出的三种方法均起到良好的滤波作用,但在一定程度上是以图像模糊为代价的;椒盐噪声由于是黑图像上的白点,白图像上的黑点,与周围各点的灰度值差异较大,采用经典中值滤波器及本书方法容易滤除,但邻域平均的滤除效果不是很好,仍有不少噪声残留;斑点噪声是乘性噪声,由于图像信号是相关的,往往随图像信号的变化而变化,因此较难通过邻域处理来滤除,以上方法虽然消除了部分噪声,但导致的图像模糊程度较高,滤波效果并不理想。总之,从实验结果的主观视觉效果来讲,加窗中值滤波综合了邻域均值滤波及经典中值滤波的优点,对具有高斯白噪声及椒盐噪声混合干扰的情况,体现出更好的滤波性能。

　　评价滤波效果的客观误差准则主要有均方误差(MSE)、平均绝对差(MAE)、峰值信噪比(PSNR)、相似信噪比(SSNR)等[18,113]。MSE 和 MAE 越小,PSNR 和 SSNR 越大,说明图像的滤波效果越好。MAE、MSE 与 PSNR 本质上一致。计算图中各种方法滤波结果的准则参数 MSE 与 SSNR,如表 2.2 所示。

表 2.2　滤波准则参数计算结果

滤波算法	图 2.6(a)		图 2.6(b)		图 2.6(c)		图 2.6(d)		图 2.6(e)		图 2.6(f)	
	MSE	SSNR	MSE	SSNR	MSE	SSNR	MSE	SSNR	MSE	SSNR	MSE	SSNR
滤波前	324	1.70	857	1.20	1001	1.18	1159	1.11	1315	1.09	1700	1.02
Butterworth	181	2.92	543	2.34	125	2.32	927	2.19	129	2.13	647	1.95

续表

滤波算法	图 2.6(a)		图 2.6(b)		图 2.6(c)		图 2.6(d)		图 2.6(e)		图 2.6(f)	
	MSE	SSNR	MSE	SSNR	MSE	SSNR	MSE	SSNR	MSE	SSNR	MSE	SSNR
Wiener	78	2.96	223	1.78	150	2.16	231	1.75	166	2.04	254	1.69
邻域均值	95	2.75	234	1.80	263	1.73	308	1.62	353	1.56	477	1.41
经典中值	86	2.83	23	5.57	297	1.64	96	2.70	334	1.58	329	1.57
加窗中值	76	3.02	22	5.58	248	1.76	86	2.85	285	1.68	277	1.68

　　由表中数据可以看出,各种方法不同程度上均降低了图像的 MSE,提高了 SSNR,起到消除噪声、恢复图像的目的。比较而言,本书方法在高斯或椒盐噪声存在的情况下,具有更好的滤波作用;对于斑点噪声,Butterworth 与 Wiener 低通滤波器具有更为出色的滤波性能,但本书方法还是略优于经典的邻域滤波器与中值滤波器。从算法的复杂性讲,本书方法与经典中值滤波器相当,运算量远小于两种频域滤波器,具有算法简单,易于实现的特点,完全满足算法实时性要求。

　　通过类似的大量实验,本书方法可以取得比邻域滤波器、中值滤波器等经典滤波方法更好地去噪效果。针对景像匹配中同一地区的异源景像,作者也进行了滤波实验,说明了本书方法可以有效地提高图像的相似程度,从而增强匹配的可靠性。图 2.7 给出了 20 组实飞航片滤波前后准则参数的比较结果。

　　图 2.7 中实线为滤波前图像的性能参数,虚线为滤波后的参数计算结果。可以看出,通过加窗中值滤波去噪处理,降低了异源景像间的均方误差,提高了实时图的相似信噪比,这对于提高实时图的可匹配性具有重要的意义。

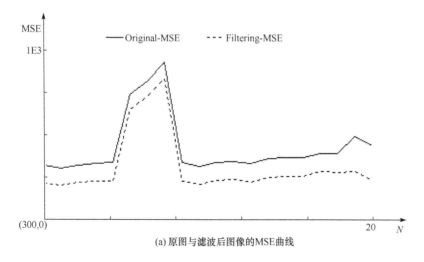

(a) 原图与滤波后图像的MSE曲线

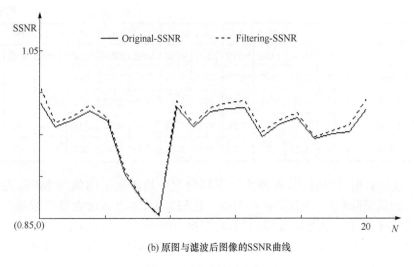

(b) 原图与滤波后图像的SSNR曲线

图 2.7　滤波结果曲线

由以上实验及参数计算结果可得出以下结论。

① 加窗中值滤波是一种简单有效的低通滤波器,具有良好的滤波性能。特别是,在高斯与椒盐噪声混合情况下,体现出比经典邻域均值滤波器及中值滤波器更好的滤波特性。

② 加窗中值滤波器的窗体宽度可调整,在多尺度变化下,实现了平滑滤波器中线性与非线性的统一,邻域均值滤波器与中值滤波器的统一。

③ 采用加窗中值滤波方法可有效提高实时图与基准图的相似程度,对于提高匹配的可靠性具有积极意义。

④ 从信号估计理论观点看,由于经典中值滤波是非参数估计,在处理过程中,并没有充分利用实际可获得的观测模型统计知识,因此本书给出的加窗中值滤波方法存在着相当的保守性。

2.4　基于飞行姿态的实时图几何畸变校正

飞行器飞行姿态及高度的变化,常常会导致所拍摄的实时图产生几何畸变,这是影响匹配定位精度的重要因素之一。在理想飞行状态下,实时图获取过程中,飞行器通常处于确定的飞行高度且与地面平行,这时机载相机的实时成像区域是一个矩形且分辨率与景像匹配系统设定的实时图分辨率相同。实际上,由于飞行器在飞行过程中受到各种干扰因素的影响,导致机体存在一定的姿态角偏差和飞行高度偏差,从而使机载相机出现姿态偏差和高度偏差,以致相机成像区域相对于理想状况发生偏离,造成所拍摄实时图产生几何畸变。

2.4.1　几何畸变校正的一般问题

图像的几何畸变是指像元的图像坐标与其在地图坐标系或其他参考系统中的坐标之间的差异。任何几何畸变都可以用原始图像坐标系(无畸变或校正预期结果、标准坐标)与畸变图像坐标系之间的数学变换关系加以描述。这样消除几何畸变问题可以归结为如何从畸变图像和两坐标系之间的变换关系,求得无几何畸变图像的问题。

对于变换关系已知的情况,几何畸变校正主要包括两个步骤,即空间变换与灰度插值[19,20]。

1. 空间变换

设原始图像坐标为 x、y,畸变图像坐标为 x'、y',则两图坐标之间的关系式为

$$\begin{cases} x' = G_x(x, y) \\ y' = G_y(x, y) \end{cases} \tag{2.18}$$

$$\begin{cases} x = F_x(x', y') \\ y = F_y(x', y') \end{cases} \tag{2.19}$$

其中,G_x 和 G_y、F_x 和 F_y 分别为畸变图像与原始标准图像之间的坐标变换函数。

几何校正时,首先需要对畸变图像坐标或标准图像坐标进行空间变换处理,以便确定畸变图像中的每一个像点在标准图像坐标系中的位置。空间变换方法可分为直接法与间接法,如图 2.8 所示。

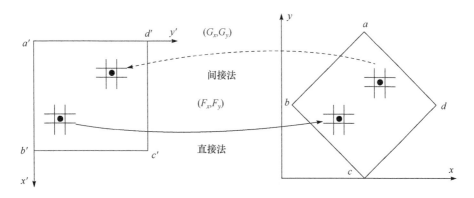

图 2.8　直接法与间接法校正示意图

可以看出,所谓直接法,就是指从待校正的畸变图像上的像素点,简称为像点(pixel)坐标出发,按式(2.19)求出与原始标准图像坐标一致的像点坐标,然后将畸变图像上像点(x', y')处的灰度值赋值给校正后的图像上对应的(x, y)处的像点。

所谓间接法,就是指从原始标准图像上的像点坐标出发,按式(2.18)求出对应畸变图像上的像点坐标,然后同样将畸变图像上像点(x',y')处的灰度值赋值给校正后的图像上对应的(x,y)处的像点。通常选用间接法进行校正,这样有利于实现灰度采样的精确插值。

2. 灰度插值

如果用$g(x,y)$表示标准图像(校正后)在像点(x,y)处的灰度值,那么由上节分析可知,它应等于畸变图像在像点(x',y')处的灰度$f(x',y')$,即$g(x,y)=f(x',y')$。一般来说,经过坐标变换得到的像点坐标(α,β)(直接法)或(α',β')(间接法)并不刚好是图像网格(采样点)上的点,这时可以采取就近原则,即将已知灰度值赋值给最接近的像点(直接法)或选取最接近的像点灰度值作为该点灰度(间接法)。为了实现精确校正,通常采用一系列对图像灰度进行插值(内插,interpolation)的后处理技术(特别是针对间接法)。常用的插值方法有三次卷积法、双线性插值法[20]。三次卷积法是用一个三次重采样函数来近似表示灰度插值时周围16个像点的灰度值对内插点灰度值影响的大小,利用三次卷积法得到灰度内插值精度较高,缺点是运算量很大。双线性内插法又称四点邻域内插法,顾名思义就是进行像素点灰度插值时,只需要其周围4个已知像素点的灰度值参加计算,其插值过程与三次卷积法类似,如图2.9所示。

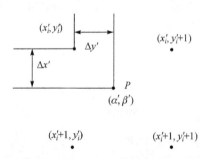

图2.9　(α',β')点双线性插值示意图

可以看出,双线性内插法是用一个分段线性函数来近似表示灰度插值时其周围4像点对其影响的大小。权值函数$\omega(t)$定义为

$$\omega(t)=\begin{cases}1-|t|,&0\leqslant|t|\leqslant1\\0,&\text{其他}\end{cases} \tag{2.20}$$

结合图2.9中所示像素点坐标关系,插值点$P(\alpha',\beta')$的灰度为

$$g_P = \begin{bmatrix} \omega(\Delta x') & \omega(1-\Delta x') \end{bmatrix} \begin{bmatrix} f(x'_i, y'_i) & f(x'_i, y'_i+1) \\ f(x'_i+1, y'_i) & f(x'_i+1, y'_i+1) \end{bmatrix} \begin{bmatrix} \omega(\Delta y') \\ \omega(1-\Delta y') \end{bmatrix}$$

$$(2.21)$$

参照式(2.20),将式(2.21)展开有

$$g_P = \begin{bmatrix} (1-\Delta x') & \Delta x' \end{bmatrix} \begin{bmatrix} f(x'_i, y'_i) & f(x'_i, y'_i+1) \\ f(x'_i+1, y'_i) & f(x'_i+1, y'_i+1) \end{bmatrix} \begin{bmatrix} (1-\Delta y') \\ \Delta y' \end{bmatrix}$$

$$= (1-\Delta x')(1-\Delta y') \cdot f(x'_i, y'_i) + (1-\Delta x')\Delta y' \cdot f(x'_i, y'_i+1)$$
$$+ \Delta x'(1-\Delta y')f(x'_i+1, y'_i) + \Delta x'\Delta y' f(x'_i+1, y'_i+1) \qquad (2.22)$$

其中,$\Delta x'$ 和 $\Delta y'$ 仍然表示 P 点到距其左上角像素点的距离在 x' 方向和 y' 方向上的投影。

由于双线性插值法计算较为简单,并且具有一定的灰度采样精度,因此实际中常用它实现图像灰度插值的后处理。本书的几何畸变校正方法便采用双线性插值法。

在变换关系未知时,图像几何校正的一种思路是[31],首先分析产生几何畸变的主要原因,建立合适的图像几何畸变数学模型(坐标变换方程包含一系列待定参数);然后利用选取控制点的方法对模型中的未知参数进行估计或辨识,得到确定的坐标变换方程;最后根据变换关系已知条件下几何校正的基本思路,实现图像的畸变校正。这种方法对于实时系统的几何校正并不实用,一方面因为控制点的自动选取具有很高难度,且复杂耗时;另一方面要完成控制点的可靠精确匹配也是要解决的重要课题,影响到模型辨识的精确性。依据摄像系统的姿态,分析建立几何畸变的数学模型,进而完成实时图几何畸变的自动校正具有重要的实用意义。

2.4.2　实时图几何畸变模型的分析与建立

引起实时图几何畸变的主要因素是图像传感器姿态的变化、飞行高度、地球曲率、地形起伏、地球旋转以及弹载相机焦距变动、像点偏移、镜头畸变等。在本书研究的飞行器(导弹)景像匹配制导系统中,由于飞行高度的限制,一般忽略地球曲率、地形起伏、地球旋转等其他因素的影响,重点考虑飞行高度及飞行姿态对获取图像的影响。建立实时图几何畸变模型的实质就是依据飞行器的姿态角及飞行高度,以及相关的参考坐标系,求出几何畸变的坐标变换关系数学表达式[135]。

1. 坐标系定义

结合飞行器制导控制系统分析中所定义的坐标系[115],以及机器视觉中关于视觉坐标系的描述[116]。本研究主要用到的坐标系有摄像坐标系 $o'x'y'z'$、基准坐标系 $oxyz$ 和图像坐标系 $o_1x_1y_1$。图 2.10 给出了各坐标系示意图。

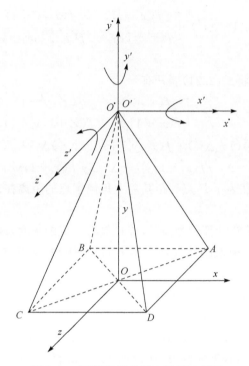

图 2.10　下视场景拍摄坐标系示意图

各坐标系定义如下。

（1）摄像坐标系 $o'x'y'z'$

坐标原点 o' 选在弹载相机的位置，$o'x'$ 轴沿弹头纵轴指向前方，$o'y'$ 轴在弹体纵对称平面内，与 $o'x'$ 轴垂直，向上为正；$o'z'$ 轴垂直于纵向平面，并与 $o'x'$ 轴和 $o'y'$ 轴满足右手定则。图中坐标轴 $o\dot{\,}x\dot{\,}$、$o\dot{\,}y\dot{\,}$、$o\dot{\,}z\dot{\,}$ 为导弹理想飞行时，摄像坐标系三轴对应位置。

（2）基准坐标系 $oxyz$

坐标原点 o 选在弹载相机正下方地面对应点的位置，ox 轴沿导弹理想飞行方向指向前方，oy 轴垂直地面向上，oz 轴垂直于 oxy 平面，其方向按右手定则确定。

（3）图像坐标系 $o_1x_1y_1$

这里特指针对实时图建立的二维坐标系，原点 o_1 选在实时图的左上角，o_1x_1 轴沿水平向右，o_1y_1 轴垂直向下。

为了使问题分析简化，不妨作两点假设。

① 在理想飞行条件下，导弹在匹配区上空的飞行姿态角 $\vartheta=0$，$\psi=0$，$\gamma=0$。

② 弹载相机与弹体固连，摄像坐标系与弹体坐标系重合。

2. 实时图几何畸变问题描述

如图 2.11(a)所示(图中基准坐标系 $oxyz$ 为示意位置,实际中原点与 V 点重合)[117,118],导弹在正常飞行状态下弹体与 oxz 平面是平行的,弹上相机的成像区域是一个矩形,视点(中心)的投影点是矩形的对角线交点。当导弹偏航一个角度时,相机在成像面则绕中心线旋转一个偏航角的大小,视点的投影点不变。当导弹俯仰一个角度时,视点的投影点也随之沿 x 轴方向平移,相机的成像则是一个梯形。图 2.11(b)描述了逆时针俯仰了一个 ϑ 角的成像状态。导弹在滚动姿态下的成像和俯仰姿态很相似,只是视点的投影点沿 z 轴的方向移动。图 2.11(c)表示的是顺时针滚动了一个 γ 角的成像状态。图 2.11(d)表示偏航 ϕ 角、俯仰 ϑ 角状态下的成像区域。若弹体在同一时间具备几种飞行姿态,则成像将是几种姿态的组合。

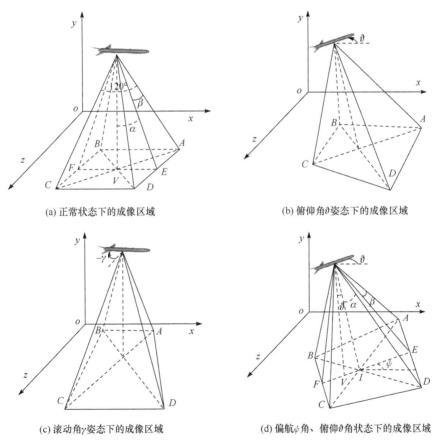

(a) 正常状态下的成像区域   (b) 俯仰角 ϑ 姿态下的成像区域

(c) 滚动角 γ 姿态下的成像区域   (d) 偏航 ϕ 角、俯仰 ϑ 角状态下的成像区域

图 2.11 飞行器姿态变化时成像区域变化示意图

飞行高度 h 的偏差主要会造成比例变形,这是由于当飞行高度发生变化时会导致物距发生变化,从而导致成像区域变化。例如,当飞行高度高于正常高度时,会导致物距变大,显然成像区域会成比例的变大,致使所拍实时图分辨率下降。表 2.3 给出了各种姿态偏差情况下成像区域变化。

表 2.3　各种姿态偏差情况下成像区域变化

姿态	偏差方向	弹体变化	成像区域变化
偏航角	ψ	绕 $o'y'$ 逆时针旋转	逆时针旋转变化
	$-\psi$	绕 $o'y'$ 顺时针旋转	顺时针旋转变化
俯仰角	ϑ	抬头	向前透视变化
	$-\vartheta$	低头	向后透视变化
滚动角	γ	绕 $o'x'$ 逆时针旋转	向内透视变化
	$-\gamma$	绕 $o'x'$ 顺时针旋转	向外透视变化
飞行高度	h	升高	成像区域变大
	$-h$	降低	成像区域变小

3. 数学模型的建立

由上述实时图几何畸变原因分析可知,实时图几何失真的本质是成像区域发生变化,要完成实时图的几何校正,首先需要建立畸变(实际)成像区域与理想成像区域之间坐标变换关系。

由图 2.11 可知,只要能够求得 xoz 平面上 A、B、C、D 四个投影点的坐标就能得到相应的成像区域,而 A、B、C、D 四个投影点又分别是棱边 $o'A$、$o'B$、$o'C$、$o'D$ 四条直线与 xoz 平面的交点,因此只需建立成像的四条棱线的直线方程,四个投影点可由直线与 xoz 平面的交点求得,连接四个交点即得到实际成像区域。

设理想成像区域大小为 $n \times n$(这里是指实际的成像区域大小,若加上弹载相机的分辨率,则可以对应计算出像素大小),弹载相机在基准坐标系中的坐标为 (x_0, y_0, z_0),成像标准高度为 h。

(1) 成像标准高度 h 的计算

当弹载相机一定时,就决定了其成像的大小,要得到理想分辨率的图像,则飞行高度必须满足 h 要求。弹载相机在成像时,可以看成一个四棱锥和一个平面求交,且四棱锥对角棱边的夹角恒定不变,这里不妨取 $120°$。因此,不论导弹在何种姿态下,成像形成的四棱锥各棱边、棱面之间的几何关系是恒定不变的。棱面之间的夹角称为棱面角,它的一半用 α 表示。结合图 2.11(a)导弹理想状态下的成像示意图,可以得出 α 和棱边及棱面之间的数学关系,即

$$\alpha = \arctan(d_{EV}/d_{MV}) = \arctan(\sqrt{6}/2) = 50.77° \tag{2.23}$$

其中,d_{MV}为标准高度 h,可由下式求出,即

$$h = n \times \cot\alpha/2 = n/\sqrt{6} \tag{2.24}$$

(2) 摄像坐标系到基准坐标系的变换关系

结合以上分析及图 2.10 中各坐标系的定义,在 $o^{\cdot}x^{\cdot}y^{\cdot}z^{\cdot}$ 坐标系中,弹体在偏航的姿态下,四棱锥就绕 $y^{\cdot}$ 轴旋转;弹体在俯仰的姿态下,四棱锥绕 $z^{\cdot}$ 轴旋转;弹体在滚动姿态下,四棱锥绕 $x^{\cdot}$ 轴旋转。

三种姿态角条件下,总的变换公式为[136]

$$
\begin{bmatrix} x' \\ y' \\ z' \end{bmatrix} =
\begin{bmatrix} \cos\psi & 0 & -\sin\psi \\ 0 & 1 & 0 \\ \sin\psi & 0 & \cos\psi \end{bmatrix}
\begin{bmatrix} \cos\vartheta & \sin\vartheta & 0 \\ -\sin\vartheta & \cos\vartheta & 0 \\ 0 & 0 & 1 \end{bmatrix}
\begin{bmatrix} 1 & 0 & 0 \\ 0 & \cos\gamma & \sin\gamma \\ 0 & -\sin\gamma & \cos\gamma \end{bmatrix}
\begin{bmatrix} x^{\cdot} \\ y^{\cdot} \\ z^{\cdot} \end{bmatrix}
$$

$$
=
\begin{bmatrix}
\cos\vartheta\cos\psi & \sin\vartheta & -\sin\psi\cos\vartheta \\
-\sin\vartheta\cos\psi\cos\gamma+\sin\psi\sin\gamma & \cos\vartheta\cos\gamma & \sin\vartheta\sin\psi\cos\gamma+\cos\psi\sin\gamma \\
\sin\vartheta\cos\psi\sin\gamma+\sin\psi\cos\gamma & -\cos\vartheta\sin\gamma & -\sin\vartheta\sin\psi\sin\gamma+\cos\psi\cos\gamma
\end{bmatrix}
\begin{bmatrix} x^{\cdot} \\ y^{\cdot} \\ z^{\cdot} \end{bmatrix}
\tag{2.25}
$$

依据各坐标系的定义,若设空间中一点在基准坐标系的坐标为 (x,y,z),在摄像坐标系中的坐标为 (x',y',z'),则可得出如下坐标转换关系,即

$$
\begin{bmatrix} x \\ y \\ z \end{bmatrix} =
\begin{bmatrix} x^{\cdot} \\ y^{\cdot} \\ z^{\cdot} \end{bmatrix} +
\begin{bmatrix} x_0 \\ y_0 \\ z_0 \end{bmatrix} =
G \begin{bmatrix} x' \\ y' \\ z' \end{bmatrix} +
\begin{bmatrix} x_0 \\ y_0 \\ z_0 \end{bmatrix}
\tag{2.26}
$$

其中,变换矩阵 G 为

$$
G = \begin{bmatrix}
\cos\vartheta\cos\psi & -\sin\vartheta\cos\psi\cos\gamma+\sin\psi\sin\gamma & \sin\vartheta\cos\psi\sin\gamma+\sin\psi\cos\gamma \\
\sin\vartheta & \cos\vartheta\cos\gamma & -\cos\vartheta\sin\gamma \\
-\sin\psi\cos\vartheta & \sin\vartheta\sin\psi\cos\gamma+\cos\psi\sin\gamma & -\sin\vartheta\sin\psi\sin\gamma+\cos\psi\cos\gamma
\end{bmatrix}
\tag{2.27}
$$

$(x_0, y_0, z_0)'$ 为弹载相机位置 o' 在基准坐标系中的坐标。

(3) 弹载相机棱边直线方程的计算

在摄像坐标系中,弹载相机成像棱边上有四个定点 $A_1(n/2, -h, -n/2)$、$B_1(-n/2, -h, -n/2)$、$C_1(-n/2, -h, n/2)$、$D_1(n/2, -h, n/2)$,在理想情况下,这四点正好处于基准坐标系的 xoz 上,且分别与图中 A、B、C、D 四点重合。但是,当导弹姿态存在偏差时,这四个点就不一定在 xoz 平面上了。基于给定的姿态角,利用式(2.27)可以求出坐标变换矩阵 G,再由坐标变换式(2.26)可以求出这四点在基准坐标系中的坐标 $A_0(x_a, y_a, z_a)$、$B_0(x_b, y_b, z_b)$、$C_0(x_c, y_c, z_c)$、$D_0(x_d, y_d, z_d)$,以 A_1 为例可得下式,即

$$\begin{bmatrix} x_a \\ y_a \\ z_a \end{bmatrix} = G \begin{bmatrix} n/2 \\ -h \\ -n/2 \end{bmatrix} + \begin{bmatrix} x_0 \\ y_0 \\ z_0 \end{bmatrix} \qquad (2.28)$$

由空间中的两点可以确定一条直线,所以可以建立出棱线 $o'A_1$、$o'B_1$、$o'C_1$ 和 $o'D_1$ 的直线方程。以 $o'A_1$ 为例,可求得其在基准坐标系中的直线方程为

$$\frac{x-x_a}{x_0-x_a} = \frac{y-y_a}{y_0-y_a} = \frac{z-z_a}{z_0-z_a} \qquad (2.29)$$

同理,可计算求得其他三条棱边直线方程。

(4) 实际成像区域的求取

得到四条棱线的直线方程后,可以求出棱线与 xoz 平面的交点 A、B、C、D,从而得出相机实时拍摄的成像区域。以 A 点为例,令 $y=0$,即可求出与 xoz 平面的交点 A,坐标为

$$\left(x_a - \frac{x_0-x_a}{y_0-y_a} y_a, 0, z_a - \frac{z_0-z_a}{y_0-y_a} y_a \right) \qquad (2.30)$$

同理,可计算其他几个点坐标,连接 A、B、C、D 四点可得实际成像区域。

2.4.3 实时图的几何校正

由以上分析可知,在一定的姿态角偏差及飞行高度误差情况下,导弹获取的实时图已经不是弹体正下方的正射场景图像,而是具有一定偏移量及几何形变的四边形场景区域。依据导弹在匹配区上空的飞行姿态及高度,可以求出这一四边形场景区域,即弹载相机的实际成像区域。实时图的几何校正需要考虑以下两方面问题。

① 由于成像区域中心发生偏移,新实时图的中心位置已不能描述导弹当前的正确位置,因此成像区域的偏移量必须作为新实时图的附加参数,传递给匹配系统,对匹配位置进行修正。

② 由于校正后得到的是不规则的成像区域,因此必须选择合适的新实时图大小,以尽可能多的利用原实时图中的图像信息。

这样,成像偏移量及新实时图大小的确定就成为基于姿态的几何校正的重要内容。

1. 成像区域中心偏移量的计算

导弹在理想状态下飞行时,成像区域的中心应该在弹载相机位置的正下方,即基准坐标系的原点 o 处,而在姿态角和高度偏差条件下,成像区域将发生偏移及形变。设实际的成像区域中心在基准坐标系中对应的点为 $(p,0,q)$,由于原实时图大小为 $n \times n$,理想成像高度为 h,则在摄像坐标系中弹载相机成像棱边上四个定点

$A_1(n/2,-h,-n/2)$、$B_1(-n/2,-h,-n/2)$、$C_1(-n/2,-h,n/2)$、$D_1(n/2,-h,$
$n/2)$,所围的区域和原实时图是完全对应的,其中心点为 $V(0,-h,0)$,即对应原实
时图的中心点。通过给定的姿态角可求出坐标变换矩阵 G,再由坐标变换公
式(2.26)可以求出该点在基准坐标系中的坐标 $V(x_V,y_V,z_V)$。结合弹载相机位
置 o' 在基准坐标系中的坐标 $(0,y_0,0)$,可以建立 $o'V$ 在基准坐标系下的直线方
程,即

$$\frac{x-x_V}{-x_V}=\frac{y-y_V}{y_0-y_V}=\frac{z-z_V}{-z_V} \tag{2.31}$$

令 $y=0$,可以求出直线 $o'V$ 与 xoz 平面的交点 I 的坐标 $(p,0,q)$,即

$$\left(x_V-\frac{x_V y_V}{y_V-y_0},0,z_V-\frac{z_V y_V}{y_V-y_0}\right) \tag{2.32}$$

依据上式,可以求得偏移量 p 和 q。

2. 新实时图大小确定

与上述求 V 点在基准坐标系中投影点 I 原理相同,我们可得到 A_1、B_1、C_1 和
D_1 在基准坐标系中的投影点 A、B、C 和 D,连接这四点可得弹载相机实际的成像
区域。校正时,一方面要求新实时图在坐标方向上必须与弹上预存的基准图一致,
即与基准坐标系一致;另一方面,希望在成像区域中截取的新实时图能够含有尽量
多的信息,且截取范围不超过成像区域。这是一个最优化问题[119],即在确定的区
域内找出确定方向上面积最大的矩形。考虑到计算的实时性要求,这里直接选取
投影中心点 (p,q) 作为新实时图的中心,新实时图取大小为 $m\times m$ 的正方形。新
实时图大小的确定过程如图 2.12 所示。

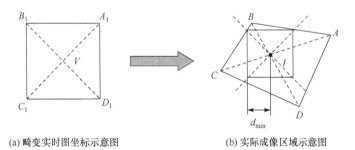

(a) 畸变实时图坐标示意图　　　　　　(b) 实际成像区域示意图

图 2.12　新实时图大小的确定

问题的分析可简化在参考坐标系的 zox 平面内。由于要求新实时图的坐标方
向必须与基准坐标系一致,则正方形的两条对角线分别为 $x-z=p-q$ 和 $x+z=$
$p+q$,这两条直线与实际成像区域的四条边共有四个交点,如图 2.12 虚线所示,
求出这四个交点中离中心点 I 的最短坐标距离值,即 $\min\{|x-p|\}$,记为 $d_{\min}$,则

取 $m=2d_{min}$，这样正好保证以点 (p,q) 为中心的正方形在成像区域内含有允许条件下的最多信息量。这个以 I 点为中心，m 为边长的正方形就是新实时图的成像区域。

3. 新实时图的生成

利用 2.4.1 节间接法坐标变换原理，已知新实时图的大小，可以建立新实时图的图像坐标，找出其对应于原畸变实时图的图像坐标，然后把新实时图上的点赋以它在原实时图上对应点的灰度值即可得到校正后的实时图，具体步骤如下。

① 取新实时图中任意一点 (x,y)（图像坐标系），将其变换为基准坐标系中对应点 $(p+x-m/2,0,q+y-m/2)$。

② 通过坐标变换求该点在摄像坐标系中的坐标 F，即

$$\begin{bmatrix} x_f \\ y_f \\ z_f \end{bmatrix} = H \begin{bmatrix} p+x-m/2 \\ -y_0 \\ q+y-m/2 \end{bmatrix} \tag{2.33}$$

其中，H 为变换矩阵 G 的逆矩阵，G 为正交矩阵，H 为 G 的转置。

③ 建立直线 $o'F$ 的方程，即

$$\frac{x'}{x_f} = \frac{y'}{y_f} = \frac{z'}{z_f} \tag{2.34}$$

令 $y'=-h$，求得该直线与矩形固定成像四棱边 $A_1B_1C_1D_1$ 的交点 $(-x_fh/y_f, -h, -z_fh/y_f)$。

④ 变换为对应的原实时图中的图像坐标为

$$(-x_fh/y_f+n/2, -z_fh/y_f+n/2)。$$

⑤ 利用双线性插值把原实时图中该点的灰度值赋给当前的新实时图 (x, y) 点。

⑥ 依据新实时图的大小，循环取遍其所有像素点，重复①～⑤。

按照以上步骤，便可实现基于飞行姿态的实时图的几何畸变校正。

2.4.4　仿真实验与分析

以多种姿态条件下几何畸变的校正实验验证本书方法的有效性[120]。图 2.13(a0) 给出了一幅飞行器实拍的正射场景图像，大小为 256×256。图 2.13(a1) 是理想情况及存在各种姿态偏差情况下的实时图（均是在场景中心正上方拍摄，如图中"十"字形标记所示，来源于实时图的几何畸变模拟生成），大小均为 64×64。

图 2.13(a1) 中，图 2.13(a) 是无几何畸变条件下的实时图，其他均为存在姿态角或飞行高度偏差时获取的实时图。表 2.4 给出了对应的姿态角及飞行高度参数。

(a0) 实飞正射场景图像

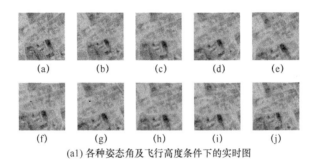

(a)　　　(b)　　　(c)　　　(d)　　　(e)

(f)　　　(g)　　　(h)　　　(i)　　　(j)

(a1) 各种姿态角及飞行高度条件下的实时图

图 2.13　实验用图

表 2.4　原实时图参数表

原实时图	摄像高度	偏航角 $\psi/(°)$	俯仰角 $\vartheta/(°)$	滚动角 $\gamma/(°)$
图 2.13(a)	h	0	0	0
图 2.13(b)	1.2h	0	0	0
图 2.13(c)	h	12	0	0
图 2.13(d)	h	0	12	0
图 2.13(e)	h	0	0	12
图 2.13(f)	h	10	10	0
图 2.13(g)	h	0	10	10
图 2.13(h)	h	10	0	10
图 2.13(i)	h	10	10	10
图 2.13(j)	1.2h	8	8	8

依据本书给出的几何校正方法,对以上实时图进行几何畸变校正,图 2.14 给出了校正结果,即新实时图,并给出了对应的新实时图的大小及偏移量的计算值。

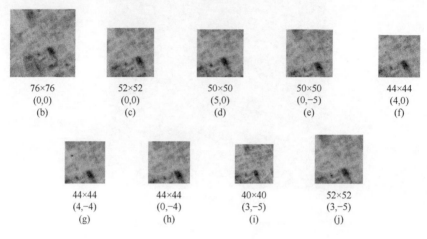

76×76 (0,0) (b)　52×52 (0,0) (c)　50×50 (5,0) (d)　50×50 (0,−5) (e)　44×44 (4,0) (f)

44×44 (4,−4) (g)　44×44 (0,−4) (h)　40×40 (3,−5) (i)　52×52 (3,−5) (j)

图 2.14　几何校正结果

进一步,用匹配仿真实验验证这种校正方法在改善匹配性能方面的实用意义。以图 2.13(a0)对应的同一地区的卫星照片图 2.15(SPOT 卫星图像,分辨率为 5 米,大小为 256×256 像素)为基准图,图 2.13(a1)及图 2.14 分别为实时图,进行匹配仿真实验,匹配算法选用 LOG 边缘强度匹配算法(由于图像的异源特性,即使无几何畸变,采用传统的匹配算法也难以实现正确匹配)。已知实时图均是在场景正上方获取,因此理想匹配位置为(128,128),即基准图的正中心。表 2.5 给出了实时图校正前后匹配位置及实际偏差的实验结果。

图 2.15　匹配基准图

表 2.5　匹配结果比较

误差类型	图 2.13(a1)		图 2.14		
	匹配位置	偏差	匹配位置	修正位置	偏差
(a)	(128,128)	(0,0)	(128,128)	(128,128)	(0,0)
(b)	(80,130)	(−48,2)	(128,128)	(128,128)	(0,0)
(c)	(146,109)	(18,−19)	(126,128)	(128,128)	(0,0)
(d)	(134,128)	(6,0)	(133,128)	(128,128)	(0,0)
(e)	(127,122)	(−1,−6)	(128,123)	(128,128)	(0,0)
(f)	(38,128)	(−90,0)	(132,128)	(128,128)	(0,0)
(g)	(133,123)	(5,−5)	(132,124)	(128,128)	(0,0)
(h)	(106,92)	(−22,−36)	(128,124)	(128,128)	(0,0)
(i)	(49,138)	(−79,10)	(131,123)	(128,128)	(0,0)
(j)	(137,129)	(9,1)	(131,123)	(128,128)	(0,0)

可以看出,由于拍摄环境的不同,基准图与实时图在灰度特征上存在较大的差异性,因飞行高度或姿态角变化引起的几何畸变使灰度差异对匹配结果的负面影响更加严重,实时图若没有进行几何校正,很容易产生误匹配,且由于视点与像点中心的偏移,降低了匹配精度。实验中采用的是 5 米分辨率图像,这样导致的匹配误差可达 30 米(正确匹配的前提下)。由此可见,对实时图进行几何校正意义重大。采用本书给出的几何校正方法可有效消除这些影响,提高匹配的可靠性及匹配精度。

① 实时图经过几何校正,增强了匹配算法对灰度或景物特征变化的鲁棒性,提高了匹配的可靠性。

② 文中给出的基于飞行器飞行姿态及飞行高度的几何校正方法具有一定的实用性,对于改善匹配精度具有重要意义。

③ 利用高度和姿态角信息对实时图进行几何校正的方法,结合匹配计算和匹配结果修正,可以研究提出抗几何畸变的景像匹配方法。

需要说明的是,由于飞行高度与匹配区景物深度相比起来大得多,因此在几何校正时忽略景物深度的影响,只在图像平面上进行分析,没有考虑景物的三维结构。同时,由于 SAR 图像的成像机理与光学图像具有很大差别,其几何校正问题与其侧视斜距成像机理密切联系,文献[121],[122]对 SAR 图像的几何校正进行了论述。

同时,对于异源景像匹配的实时图预处理技术,结合成像模式的不同,还有些问题需要进一步研究探讨。

　　① 实时图的匹配预处理是在飞行器飞行过程中实现的,因此采用的算法不仅需要具备良好的处理效果,而且还必须满足一定的实时性要求。选择算法时应用综合考虑其有效性与实时性。

　　② 在飞行器高速飞行时(超音速、高超音速),获取的实时图会产生运动模糊及气动光学效应[123],因此运动模糊的消除及图像复原问题也是实时图预处理研究的重要内容。可以依据飞行参数,考虑采用维纳滤波等方法进行图像恢复[124]。

　　③ 对于序列景像匹配问题(第 5 章和第 6 章详细论述),实时图序列的预处理可采用动态图像分析或视频分析的相关理论与方法[125,126],考虑相邻帧间的景物灰度重叠,提高预处理的效率。

第3章　基于边缘检测的异源景像特征

研究异源景像的共性稳定特征对于提高匹配的鲁棒性具有重要意义。本章围绕基于边缘检测的异源景像共性稳定特征提取问题展开研究。针对武器系统的应用需求,分析比较 Roberts、Sobel、Prewitt、Laplacian、LOG 等 5 种经典实用的边缘检测算子,结合 NProd 相似性度量方法,给出 5 种匹配算法,对其性能进行了系统评估分析;定义了景像匹配算法鲁棒性,包括鲁棒稳定性与鲁棒性能的概念,完善了算法的性能指标体系,将其应用于以上边缘强度匹配算法的性能评估中,得到了算法适应性的定量描述。本章还对基于目标知识特征的景像匹配算法进行了探索研究,在图像二值边缘特征的基础上,定义了图像的 NMI 特征,对其 GTRS 不变性进行了分析证明,为研究基于目标知识的智能化匹配方法提供技术积累。

3.1　引　　言

在异源景像匹配制导中,由于制导图的"异源"特性,实时图与基准图之间存在因传感器和成像环境的不同导致的各种差异性,从而为图像正确匹配带来了很大难度。传统的基于灰度的匹配算法很难实现可靠、精确匹配,研究基于特征的匹配算法是提高匹配性能的有效途径[2,39,42]。

图像特征是对图像的一些基本属性的描述,在不同程度上,它对图像畸变有一定的抑制作用。图像边缘蕴含了丰富的内在信息(如方向、阶跃性质、形状等),与其他特征相比,最能反映出物体(目标)的个体特征,包含有关物体(目标)的独特的重要信息,使观察者一目了然。因此,边缘特征成为研究人员进行图像特征分析研究时最为关注的热门课题之一[43-53]。其他典型的图像特征还有线特征、面特征、不变矩特征、角点特征、局部熵特征、兴趣点特征、显著性特征等[55-60,127-131]。目前,有大量的文献研究图像特征,但针对异源景像匹配制导应用的研究并不多见。匹配特征选择的首要原则是特征必须体现出异源景像之间的共性信息,即具有良好的稳定性,对异源景像各类差异具有不变性[2,42,100]。

本章系统论述了图像边缘检测的主要方法,以武器系统实际需求为背景,重点研究了 5 种实用的边缘检测算法,同时结合经典的归一化积相关(NProd)相似性度量,对其性能进行了系统的评估分析;研究了算法的鲁棒性问题,定义了算法匹配裕度与匹配适应度的概念,给出了 5 种边缘强度匹配算法鲁棒性的定量分析结果。针对基于目标知识特征的匹配识别问题,从物理学角度对图像进行描述,提出一种新的图像不变特征,定义为图像的归一化转动惯量特征(normalized moment of inertia,NMI),通过理论分析与仿真实验验证了其 GTRS 不变性[132]。

3.2　面向异源景像匹配的边缘检测方法

自从 1965 年 Roberts 提出边缘检测的概念,边缘检测问题一直是图像处理、分析与理解领域研究最为活跃且十分具有挑战性的课题之一。经过半个多世纪的研究积累,形成了大量具有各种特性的边缘检测算法[19,20,43-53]。

3.2.1　边缘检测方法简述

1. 经典微分算子法

从本质上讲,图像边缘标志着一个区域的终结和另一个区域的开始。传统的边缘检测算法正是利用这一特性通过梯度算子实现边缘检测。对应于二阶微分的零交叉点,设计一些一阶或二阶微分算子,求得其梯度或过零点,再选择一定的阈值提取边界。在求边缘的梯度时,需要对每个像素位置计算,在实际中常用小区域模板卷积来计算,如 Gradient 算子,还有 Roberts 算子、Sobel 算子、Prewitt 算子、Laplacian 算子、Kirsch 算子、Isotropic 算子和 Robinson 算子等。

2. 最优算子法

这类方法是在经典算子的基础上发展起来的,根据信噪比(signal noise ratio,SNR)求得检测边界的最优滤波器。Marr 和 Hildreth 应用高斯(Gaussian)函数先对图像进行平滑,然后采用拉普拉斯算子根据二阶导数过零点来检测边缘,称之为 LOG(Laplacian of Gaussian)算子。数学上已证明,LOG 算子是按零交叉点检测阶跃边缘(step edge)的最佳算子。同时,LOG 算子与视觉生理中的数学模型相容,从而在计算机视觉与视觉生理研究之间建立了联系,在机器视觉研究领域得到了广泛的应用[21,116]。

另一种方法是局部曲面最小二乘拟合法。其基本思想是,根据最小二乘方法把图像的局部区域近似表示为一组基函数的线性组合,从而达到消除噪声的效果。也可在一个规则对称领域构造正交多项式,对图像的每一个像素邻域灰度变化作曲面拟合,再用二阶方向导数的零交叉检测阶跃边缘。这些算法检测精度高,但计算过程复杂,灵活性差,应用受到限制。

此外,Canny 应用变分原理推导出一种用高斯模板导数逼近的最优算子,即 Canny 算子,还有沈俊算子(用指数滤波器代替 LOG 算子中的 Gauss 滤波器)、Defiche 算子等方法都属于最优算子法的领域[133]。

3. 基于小波变换的方法

小波变换是近年来广泛应用的数学工具。小波变换解决了傅里叶变换不能解决的很多困难问题，被誉为"数学显微镜"[134]。信号突变点检测及由边缘点重建原始信号或图像是小波变换应用的一个很重要的方面。小波变换具有在多个尺度上检测信号局域突变的能力，能够在不同的尺度上得到信号的细节，利用该特性，可以实现在大尺度下抑制噪声，可靠地识别边缘，在小尺度下精确定位。小波变换提取图像边缘的基本思想是[135]，从信号处理的角度看，图像边缘表现为信号的奇异性，而在数学上奇异性由 Lipschitz 指数决定。已经证明，Lipschitz 指数可由小波变换的模极大值计算得到，因此只要检测小波变换的模极大值即可检测出图像边缘。

4. 基于模糊数学的方法

为了用不精确的知识表达事件，人们提出模糊集（fuzzy sets）的概念。模糊集理论能较好地描述人类视觉中的模糊性和随机性，将模糊集理论引入到图像的边缘检测中，能有效地将物体从背景中分离出来，并在模式识别和医疗图像处理中得到了良好的应用。模糊边缘检测算法的基本思想是[136]首先用隶属度函数 G 将图像映射成一个模糊隶属度矩阵，然后对该矩阵进行多次非线性变换，以增强边缘信息，削弱非边缘信息，再利用模糊隶属度矩阵 G^{-1} 变换，以得到经过增强的图像，最后用"min"、"max"算子提取图像边缘。

5. 基于神经网络的方法

人工神经网络（artificial neural network，ANN）是进行模式识别的一个重要工具和方法。近年来利用神经网络提取图像边缘已经成为一个新的研究领域。应用神经网络提取边缘的思想是[137]，首先将输入图像映射为某一神经网络，然后输入标准边缘图像样本进行训练，直到学习过程收敛或用户满意为止。一般多采用三层 BP 网络或 Hopfield 神经网络。由于神经网络提取边缘利用了已有的先验知识，从宏观上认识对象，微观上提取细节，因此具有很强的抗噪声能力，但是如何得到先验知识却是一个难题。

6. 基于数学形态学的方法

数学形态学是一种非线性的滤波方法[138]。其基本运算是腐蚀（erosion）、膨胀（dilation）。先腐蚀后膨胀的过程称为开启（opening）运算，具有消除细小物体，在纤细处分离物体和平滑较大物体边界的作用；先膨胀后腐蚀的过程称为闭合（closing）运算，具有填充物体内部细小空洞，连接临近物体和平滑边界的作用，该方法运算简单,适于并行处理,且易于硬件实现,适于对二值图像进行边缘提取。需要注意的是,不同的应用场合,结构元素的选择及其相应的处理算法是不一样的,结构元素的大小和形状直接影响处理的结果。灰度数学形态学是二值数学形态学对灰度图像的自然扩展,只不过原先的交、并运算需用最大、最小极值运算代替。

除以上介绍的边缘检测方法外,还有基于自适应平滑滤波的方法、分形理论法、流形拓扑论法、松弛法、基于 GA 的方法等,这些方法各具特性,适用于一定的应用领域[20,42]。

考虑到飞行器景像匹配定位系统的工作特点及实际应用需求,本章重点对几种实用的边缘检测方法进行比较研究,主要有 Roberts 算子、Sobel 算子、Prewitt算子、Laplacian 算子及 LOG 算子[2,42,53]。

3.2.2　几种实用的边缘检测算法介绍

图像边缘是由其灰度的不连续性反映的,在这些地方局部灰度以一定方式迅速改变,由此人们很自然地想起用灰度差分可以提取出图像的边缘,常用的边缘检测算子均是基于这种思想。对于二维图像,习惯上用二维坐标函数 $f(x,y)$ 表示图像在点 (x,y) 的灰度,即亮度值。

1. Roberts 算子

图像 $f(x,y)$ 在点 (x,y) 处的一阶导数,也就是梯度可以表示为一个矢量,即

$$\Delta f(x,y) = \sqrt{\left(\frac{\partial f(x,y)}{\partial x}\right)^2 + \left(\frac{\partial f(x,y)}{\partial y}\right)^2} \tag{3.1}$$

Roberts 算子是最简单的梯度算子,可以用一阶差分计算 Roberts 算子,即

$$\Delta f(x,y) = |\Delta_x f(x,y)| + |\Delta_y f(x,y)|$$
$$= |f(x,y) - f(x+1,y+1)| + |f(x+1,y) - f(x,y+1)| \tag{3.2}$$

2. Prewitt 算子

Prewitt 算子的原理为

$$\Delta f(x,y) = (d_x^2 + d_y^2)^{\frac{1}{2}} \tag{3.3}$$

其中

$$d_x = [f_{i-1,j-1} + f_{i,j-1} + f_{i+1,j-1}] - [f_{i-1,j+1} + f_{i,j+1} + f_{i+1,j+1}]$$
$$d_y = [f_{i+1,j-1} + f_{i+1,j} + f_{i+1,j+1}] - [f_{i-1,j-1} + f_{i-1,j} + f_{i-1,j+1}] \tag{3.4}$$

3. Sobel 算子

Sobel 算子的原理为

$$\Delta f(x,y) = (d_x^2 + d_y^2)^{\frac{1}{2}} \tag{3.5}$$

其中

$$d_x = [f_{i-1,j-1} + 2f_{i,j-1} + f_{i+1,j-1}] - [f_{i-1,j+1} + 2f_{i,j+1} + f_{i+1,j+1}]$$
$$d_y = [f_{i+1,j-1} + 2f_{i+1,j} + f_{i+1,j+1}] - [f_{i-1,j-1} + 2f_{i-1,j} + f_{i-1,j+1}] \tag{3.6}$$

4. Laplacian 算子

Laplacian 算子是一种二阶导数算子,对连续函数 $f(x,y)$,其在位置 (x,y) 的 Laplacian 值定义如下,即

$$\nabla^2 f(x,y) = \frac{\partial^2 f(x,y)}{\partial x^2} + \frac{\partial^2 f(x,y)}{\partial y^2} \tag{3.7}$$

对于数字图像,Laplacian 值可以近似表示为

$$\nabla^2 f(x,y) = [f(x+1,y) + f(x-1,y) + f(x,y+1) + f(x,y-1)] - 4f(x,y) \tag{3.8}$$

Laplacian 算子还有多种计算形式[55],这里不作介绍。

5. LOG 算子

Laplacian 算子对噪声比较敏感。对此,一方面可在边缘提取前,先用邻域平均法作平滑处理,另一方面可先用高斯形二维低通滤波器对图像进行滤波,然后再对图像作 Laplacian 边缘提取,构成 LOG 算子。

高斯滤波函数为

$$g(x,y) = \exp\left(-\frac{x^2+y^2}{2\sigma}\right) \tag{3.9}$$

其中,σ 为高斯滤波器标准差,决定着图像的平滑程度。

对图像 $f(x,y)$ 进行低通滤波,再经拉普拉斯算子处理得到 $G(x,y) = \nabla^2[f(x,y) * g(x,y)]$,根据卷积求导法,可以变为

$$G(x,y) = \nabla^2[g(x,y)] * f(x,y) \tag{3.10}$$

其中,$\nabla^2 g(x,y) = \left(\frac{x^2+y^2-2\sigma^2}{\sigma^4}\right)\exp\left(-\frac{x^2+y^2}{2\sigma^2}\right)$。

由于 LOG 到中心点的距离与位置加权系数的关系曲线形状像墨西哥草帽,LOG 又叫墨西哥草帽算子。

3.2.3　边缘检测算法性能的分析比较

利用以上给出的边缘检测算子,针对异源景像进行边缘检测实验,本章采用相关长度及独立像元数对边缘强度特征图进行可匹配性评估,比较分析了各种算子在改善图像可匹配性中的实际意义。

1. 异源景像边缘检测实验

可以看出,以上边缘检测算子均是依据当前像素点灰度值与其周围像素点灰度值的一定差值实现的,依据这一检测原理,首先进行实验设计,基于 Bland C++ Builder 集成开发软件平台[139],实现了两个带参数的图像模板(Mask)H、K,具体实现集成于第 8 章综合实验与仿真系统。设

$$S_{i,j} = (Dx_{i,j}^2 + Dy_{i,j}^2)^{\frac{1}{2}} \tag{3.11}$$

其中

$$Dx_{i,j} = \sum_{r=-1}^{r=1} \sum_{s=-1}^{s=1} f(i+r, j+s) H(r,s) \tag{3.12}$$

$$Dy_{i,j} = \sum_{r=-1}^{r=1} \sum_{s=-1}^{s=1} f(i+r, j+s) K(r,s) \tag{3.13}$$

$$[H(r,s)] = \begin{bmatrix} H(-1,-1) & H(-1,0) & H(-1,1) \\ H(0,-1) & H(0,0) & H(0,1) \\ H(1,-1) & H(1,0) & H(1,1) \end{bmatrix} = \begin{bmatrix} h1 & h2 & h3 \\ h4 & h5 & h6 \\ h7 & h8 & h9 \end{bmatrix}$$

$$\tag{3.14}$$

$$[K(r,s)] = \begin{bmatrix} K(-1,-1) & K(-1,0) & K(-1,1) \\ K(0,-1) & K(0,0) & K(0,1) \\ K(1,-1) & K(1,0) & K(1,1) \end{bmatrix} = \begin{bmatrix} k1 & k2 & k3 \\ k4 & k5 & k6 \\ k7 & k8 & k9 \end{bmatrix}$$

$$\tag{3.15}$$

这样,当两个图像模板 H、K 分别取特定的值,便可与具体的微分算子对应起来,即

当 $[H(r,s)] = \begin{bmatrix} 1 & 0 & 0 \\ 0 & -1 & 0 \\ 0 & 0 & 0 \end{bmatrix}$, $[K(r,s)] = \begin{bmatrix} 0 & 1 & 0 \\ -1 & 0 & 0 \\ 0 & 0 & 0 \end{bmatrix}$ 时为 Roberts 算子。

当 $[H(r,s)] = \begin{bmatrix} 1 & 0 & -1 \\ 1 & 0 & -1 \\ 1 & 0 & -1 \end{bmatrix}$, $[K(r,s)] = \begin{bmatrix} -1 & -1 & -1 \\ 0 & 0 & 0 \\ 1 & 1 & 1 \end{bmatrix}$ 时为 Prewitt 算子。

当 $[H(r,s)] = \begin{bmatrix} 1 & 0 & -1 \\ 2 & 0 & -2 \\ 1 & 0 & -1 \end{bmatrix}$, $[K(r,s)] = \begin{bmatrix} -1 & -2 & -1 \\ 0 & 0 & 0 \\ 1 & 2 & 1 \end{bmatrix}$ 时为 Sobel 算子。

当 $[H(r,s)] = \begin{bmatrix} 0 & -1 & 0 \\ -1 & 4 & -1 \\ 0 & -1 & 0 \end{bmatrix}$, $[K(r,s)] = \begin{bmatrix} & & \\ & 0 & \\ & & \end{bmatrix}$ 时为 Laplacian 算子。

LOG 算子较为特殊,采用式(3.16)实现,即

$$\nabla^2 g(x,y) = \begin{bmatrix} -2 & -4 & -4 & -4 & -2 \\ -4 & 0 & 8 & 0 & -4 \\ -4 & 8 & 24 & 8 & -4 \\ -4 & 0 & 8 & 0 & -4 \\ 2 & -4 & -4 & -4 & -2 \end{bmatrix} \tag{3.16}$$

用以上算子进行边缘检测时,算子运算时可以看做是采取类似卷积的方式,将算子对应的模板 H、K 在图像上移动并在每个位置计算相应中心像素的算子值,再将算子值与门限值 T 比较[20],便可得到图像的二值边缘特征。如果直接将算子值作为检测结果,代替原图像素值,便得到边缘强度图。由模板可知,算子值有可能超过灰度图像范围$(0,255)$,为了有效显示边缘强度图,本书采用数据灰度化(data grayscalize)方法对算子值进行处理。数据灰度化定义如下。

定义 3.1　数据灰度化　将范围在区间$[A,B]$的图像处理中间数据 $f'(x,y)$ 变换为可用灰度图像表示的灰度数据。即将数据从$[A,B]$变换至$[0,255]$。其数学表达式为

$$g(x,y) = 255 \times \frac{f'(x,y) - f'(x,y)_{\min}}{f'(x,y)_{\max} - f'(x,y)_{\min}} \tag{3.17}$$

其中,$f'(x,y)_{\max}$ 和 $f'(x,y)_{\min}$ 分别表示中间数据的最大值 B 与最小值 A。

依据以上方法进行制导图的边缘特征检测实验,原图及实验结果如图 3.1 所示。

图 3.1(a)～图 3.1(f)分别为三个地区的不同源图像。图 3.1(a)与图 3.1(b)为可见光卫片-实飞航片对;图 3.1(c)与图 3.1(d)为可见光-红外图像对;图 3.1(e)与图 3.1(f)为可见光-SAR 图像对;图 3.1(a1)～图 3.1(f1)为 Sobel 算子检测的二值边缘(Binary Edge)图像;图 3.1(a2)～图 3.1(f2)为 Sobel 算子检测的边缘强度(Edge Strength)图像;图 3.1(a3)～图 3.1(f3)为 LOG 算子检测的二值边缘图像;图 3.1(a4)～图 3.1(f4)为 LOG 算子检测的边缘强度图像(限于篇幅,仅以 Sobel 算子与 LOG 算子为例给出实验结果)。

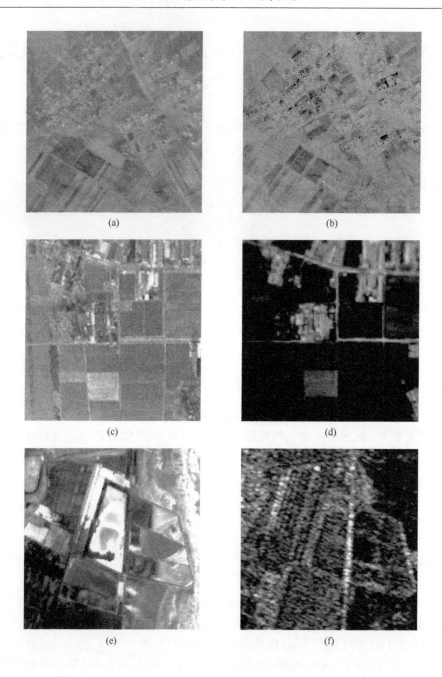

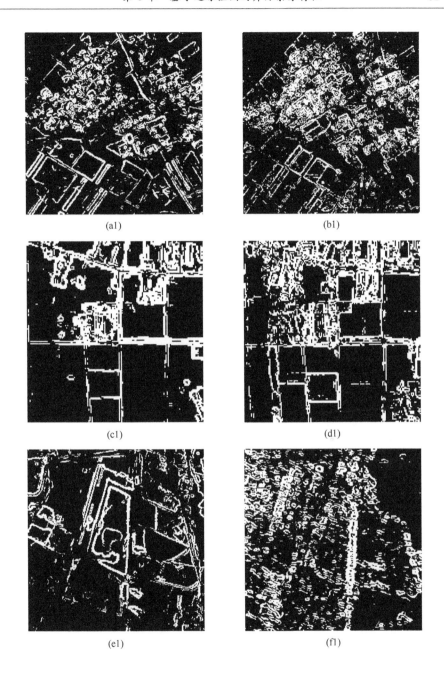

(a1)　　　　　　　　　　　　　　　　　(b1)

(c1)　　　　　　　　　　　　　　　　　(d1)

(e1)　　　　　　　　　　　　　　　　　(f1)

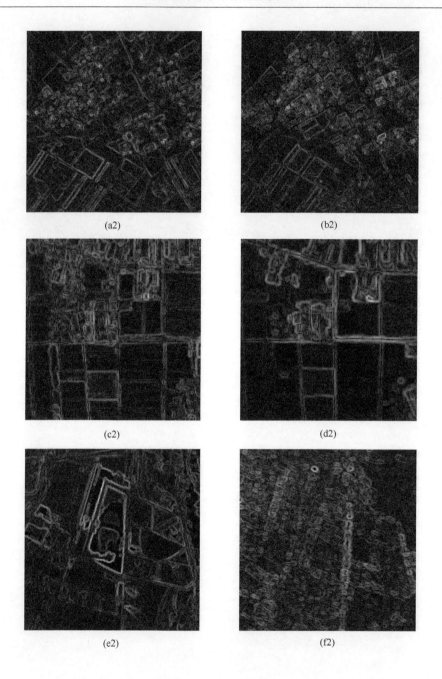

(a2)

(b2)

(c2)

(d2)

(e2)

(f2)

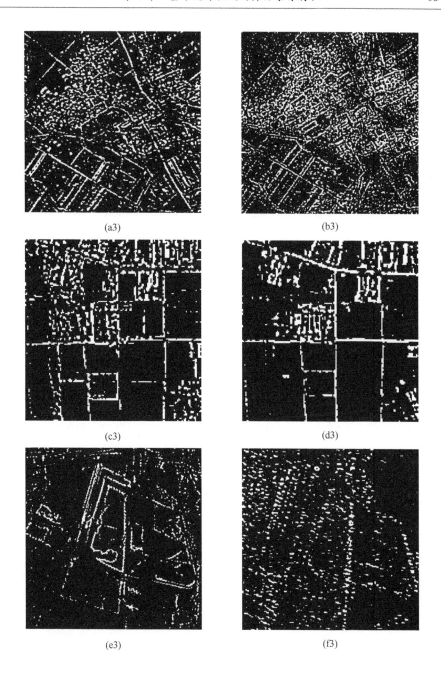

(a3)　　　　　　　　　　　　　　　　(b3)

(c3)　　　　　　　　　　　　　　　　(d3)

(e3)　　　　　　　　　　　　　　　　(f3)

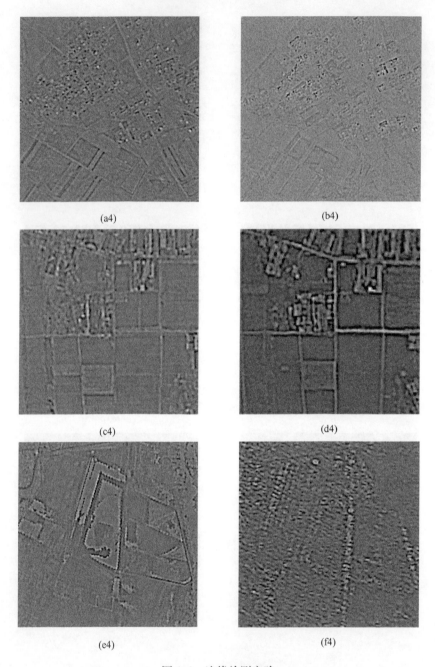

图 3.1　边缘检测实验

　　直观上可以看出,图像边缘检测在一定程度上可以有效消除因能见度、对比度、传感器特性产生的不同源图像之间的灰度差异。由于可见光与红外同属于光学图像,虽然其成像机理有较大差异,但提取出的边缘特征图像有效地消除了这些差异,提高了图像的可匹配性,利用边缘特征进行可见光与红外的匹配是可行的;而对于可见光与 SAR 图像的匹配问题,简单意义上的边缘检测也很难改善图像的可匹配性,这需要基于二值边缘图像,进一步对图像特征实施细化、跟踪、连接、预测以及区域分割、特征描述等高级处理,得到其共性不变特征或知识特性,采用基于图像理解的智能化匹配方法[42,140]。同时,由于 SAR 景像匹配主要用于前视景像匹配中,在实现目标的初步匹配识别定位后,一般利用帧间匹配实现制导定位,帧间图像灰度差异性小,主要考虑的是几何畸变问题,本章 3.4 节探讨了抗几何畸变的图像特征提取方法。

从以上实验还可知,在二值边缘特征图的生成过程中,检测算子需要与给定的门限值比较,门限的选择是影响检测效果的最大瓶颈问题[20,42]。同时,图像的二值化处理虽然在一定程度上克服了灰度畸变对图像特征的影响,但也大大减少了匹配的信息量,这种信息量的减少程度,在异源同类传感器匹配中,对匹配可靠性造成的影响甚至大于灰度畸变本身带来的影响。由边缘检测算子的检测原理可知,边缘强度图直接是以计算的算子值作为特征数据,一方面不用考虑门限的选择问题,另一方面,图像中的每一点还对应具体数据,信息量并不减少,且同样具备一定的抗畸变能力。于是,本书采用以上检测算子的边缘强度图,设计景像匹配算法,用于异源景像匹配定位与识别。

2. 边缘特征图的匹配性能分析

各种边缘检测算法,在算法复杂度、边缘定位精度、噪声抑制能力、稳定性等方面各有优缺点,具体采用哪种边缘提取方法,应视情况而定,对各种因素综合考虑,折中选择。为了对边缘检测算法的有效性进行评价,Canny 提出 3 个边缘检测准则,并用数学方法系统地推导出了边缘检测方法性能指标的数学表达式[18]:信噪比 SNR,检测精度(定位精度)L、伪边界平均距离 M;文献[53]给出了一种采用图像模板来评价边缘检测定位精度的方法,对于客观评价各种边缘的检测定位精度具有一定实用意义。由于本书以景像匹配定位为应用背景,且重点是研究图像的边缘强度特征,因而文中用实际的匹配仿真实验来验证检测算子的定位精度,包括各种检测算子的复杂性,均在后面匹配算法的研究中说明。

为了检验边缘特征图的可匹配性,采用相关长度 L_h、L_v 与独立像元数[2]来评价上述 5 种检测算子的实际性能。计算图 3.1 中原图和各种算子的边缘强度图的相应参数,结果如表 3.1 所示。

表 3.1　边缘强度可匹配性检验参数表

图像			原图像	Roberts	Prewitt	Sobel	Laplacian	LOG
可见光卫片与航片	图 3.1(a)	L_h	49.48	22.53	23.61	23.28	15.67	19.08
		L_v	49.49	26.07	26.33	26.02	15.80	20.19
		IPN	26	111	105	108	264	170
	图 3.1(b)	L_h	37.49	26.47	29.49	29.04	15.34	17.98
		L_v	43.04	35.47	39.09	38.55	14.46	17.63
		IPN	40	69	56	58	295	206
可见光与红外	图 3.1(c)	L_h	36.26	30.12	31.10	33.81	13.13	17.75
		L_v	37.15	28.66	34.25	33.98	12.01	14.89
		IPN	19	29	24	24	163	96
	图 3.1(d)	L_h	56.68	35.39	37.42	37.09	14.15	21.16
		L_v	61.62	39.65	43.51	43.33	12.82	19.12
		IPN	7	18	15	15	141	63

由表中参数可以看出,利用边缘检测算法可减小图像的相关长度,增加独立像元数,有效改善图像的可匹配性。其中,Roberts、Prewitt、Sobel 的性能相当,相比而言,Laplacian 与 LOG 算子较好。对于图 3.1 给出的 SAR 图像对,检测实验及数据计算结果也表明了类似的结论,但由于图对之间的差异性较大,采用边缘强度匹配方法也很难获得正确的匹配结果。3.4 节研究基于二值边缘的图像不变特征,对更高层次的基于图像知识的匹配问题进行了探讨,对于 SAR 景像匹配识别问题研究具有参考意义。

针对下视景像匹配,本书重点研究不同平台的可见光景像匹配,以及可见光与红外景像匹配问题。以下将结合具体匹配算法,定量分析以上各种边缘的实际匹配性能。

3.3　基于边缘强度特征的鲁棒匹配算法

本节首先论述了匹配算法的性能指标参数体系,对匹配算法的鲁棒性问题进行了深入探讨,定义了相应的指标参数。之后,基于以上重点研究的 5 种边缘检测算子,结合经典的 NProd 相似性度量方法,设计了 5 种基于边缘强度的匹配算法,并对其综合性能进行了分析比较。

3.3.1　匹配算法性能指标参数体系

匹配算法的性能评估与分析是匹配算法研究的重要内容,通常用算法的性能指标参数作为算法性能评估的标准。常见的性能指标参数主要有匹配概率、匹配精度、匹配时间[17,100]。

1. 可靠性指标——匹配概率 P_c

定义为正确匹配次数 n_R 与总的匹配次数 n_T 之比,即

$$P_c = \frac{n_R}{n_T} \tag{3.18}$$

正确匹配是指匹配结果在要求的误差范围之内的匹配。在算法评估及仿真实验中,一般取误差范围为 3 个像素。匹配概率越高,算法的匹配可靠性越好。

2. 精确性指标——匹配精度 σ

精确性又称匹配算法的准确性,匹配精度要求正确匹配的匹配误差要尽可能地小。单次匹配误差的定义如下。

设理想匹配位置为 (x_1, y_1),实际匹配位置为 (x_1', y_1'),则单次定位误差为

$$\sigma_1 = \sqrt{(x_1' - x_1)^2 + (y_1' - y_1)^2} \tag{3.19}$$

对于 n 次匹配结果,若理想匹配位置为 $(x_1, y_1), (x_2, y_2), \cdots, (x_n, y_n)$,实际匹配位置为 $(x_1', y_1'), (x_2', y_2'), \cdots, (x_n', y_n')$,可以按式(3.19)计算出定位误差 $(\sigma_1, \sigma_2, \cdots, \sigma_n)$,则误差均值,即匹配定位精度为

$$\sigma = \frac{1}{n} \sum_{i=1}^{n} \sigma_i \tag{3.20}$$

有时还用误差方差 σ_e^2 来表示匹配误差的分布情况,即

$$\sigma_e^2 = \frac{1}{n} \sum_{i=1}^{n} (\sigma_i - \sigma) \tag{3.21}$$

需要注意的是,用式(3.20)和式(3.21)求匹配误差均值及误差方差时,只有正确匹配位置才进行运算(即单次匹配误差 σ_i 在要求误差范围之内),不是 n 次所有匹配结果的统计值。

3. 快速性指标——匹配时间 T_M

快速性即匹配的实时性,要求算法匹配速度快,满足应用环境对实时性的要求。匹配时间是度量匹配算法的复杂性与计算量的参数指标。对于确定的匹配算法,影响计算量的因素有:特征提取过程的计算量,相似性度量的计算量,以及搜索次数的多少。匹配时间 T_M 以多次匹配实验总的匹配时间 T_{total} 与匹配次数 n_T 之比计算,即

$$T_M = \frac{T_{\text{total}}}{n_T} \tag{3.22}$$

还有一些文献提到算法的鲁棒性(稳健性)、适应性等问题[100,101],但并没有给出严格的数学描述。参考鲁棒控制理论[141,142]中算法鲁棒性的概念,本书给出匹配算法的鲁棒性的定义,并从鲁棒稳定性与鲁棒性能两方面定量描述匹配算法的鲁棒性。

4. 鲁棒性指标——匹配裕度 R_{MM}、匹配适应度 R_{MA}

定义 3.2 匹配算法的鲁棒性(robustness) 是指匹配算法对于基准图(基准子图)与实时图差异性及各种因素造成的匹配的不确定性的适应能力。主要包括对不同源图像特性差异、畸变干扰、景物特征的变化等的适应能力。

定义 3.3 匹配算法的鲁棒稳定性(robust stability) 定义为匹配算法在基准图与实时图存在一定差异的情况下,仍能实现正确匹配。为了定量描述匹配算法的鲁棒稳定性,引入匹配裕度(matching margin,MM)的概念,记为 R_{MM},用相似信噪比描述基准图与实时图的差异程度,匹配裕度 R_{MM} 可由下式求出,即

$$R_{MM} = \frac{1}{SSNR_{max}} \tag{3.23}$$

可以看出,匹配算法的匹配裕度为导致误匹配的最大 $SSNR_{max}$ 的倒数。SSNR(similarity signal noise ratio)的定义如下[9,157],即

$$SSNR = \frac{S}{N} = \frac{Std(*)}{Std\left(X - Y * \dfrac{Std(*)}{Std(Y)}\right)} \tag{3.24}$$

其中,$Std(*)$ 表示求图像的标准差;X 表示去均值后的基准图;Y 表示对应的去均值后的实时图。

对于基准图 X,则有

$$Std(X) = \left[\frac{1}{m \times m} \sum_{i=0}^{m-1} \sum_{j=0}^{m-1} (X(i,j) - \overline{X})^2\right]^{1/2} \tag{3.25}$$

可以证明,将式中的 X 与 Y 对换,SSNR 值不变,这正是 SSNR 有别于其他信噪比公式的独特之处。在景像匹配领域,基于 SSNR 的相似性分析占有重要地位。

这样 $SSNR_{max}$ 越小,匹配裕度值越大,表明该匹配算法在较小的信噪比情况下也可实现正确匹配,说明其抗畸变干扰能力强,稳定性好,反之则差。

定义 3.4 匹配算法的鲁棒性能(robust performance) 定义为匹配算法在基准图与实时图存在一定差异的情况下,仍能保证预期匹配概率的性能。用匹配适应度(matching adaptability,MA)表示算法的这一特性,记为 R_{MA},可由下式求出,即

$$R_{MA} = \frac{P_c}{SSNR_{max}} = P_c \cdot R_{MM} \tag{3.26}$$

可以看出,R_{MA} 与匹配概率及匹配裕度成正比关系。当 $SSNR_{max}$ 相同时,匹配概率越高,R_{MA} 越大,说明算法对畸变的适应能力越强,反之则弱。

　　由以上定义便得到景像匹配算法关于鲁棒性、稳定性、适应性在同一框架下的定量描述,完备了算法的性能指标体系。下面将结合边缘特征景像匹配算法的性能分析,说明这些参数定义的合理性。

3.3.2　景像匹配算法设计

　　结合前面研究的 5 种边缘检测算子,采用经典的相似性度量 NProd(第 4 章详细论述其基本原理)方法,可设计得到 5 种景像匹配算法。

　　算法的基本结构如下。

```
基于 NProd 度量的边缘强度景像匹配算法
第一步:输入数据及参数的初始化。
Jzt_Height＝基准图高度;Jzt_Width＝基准图宽度;
Sst_Height＝实时图高度;Sst_Width＝实时图宽度;
Rmax＝0;//NProd 系数
Lx＝0;Ly＝0;//匹配位置
第二步:实时图 Y 与基准图 X 的边缘特征检测。
第三步:计算特征实时图的模。
//如用边缘检测方法提取图像边缘
第四步:平移搜索匹配。
    for(int u＝0;u＜ Jzt_Height － Sst_Height ＋1;u＋＋)
  for(int v＝0;v＜ Jzt_Width － Sst_Width ＋1;v＋＋)
    {取(u,v)位置的基准子图 X(u,v)
      计算(u,v)位置的 NProd 系数 Ruv;
      if(Ruv＞Rmax)//此处采用首次最大值法
      {
       Rmax＝ Ruv; Lx＝u; Ly＝v;
      }
    }
第五步:输出匹配位置:Lx,Ly。
```

其中,去掉第二步即为经典的 NProd 景像匹配算法,依据边缘特征检测算子的不同,可得到相应的边缘强度景像匹配算法。为了简化问题描述,表 3.2 给出了采用 NProd 相似性度量方法的 5 种边缘强度匹配算法的简写名称。

表 3.2　边缘强度匹配算法名称

边缘检测算子	匹配算法名称
Roberts	RSNProd
Prewitt	PSNProd
Sobel	SSNProd
Laplacian	LSNProd
LOG	LOGSNProd

实际上,采用不同的检测算子,结合不同的相似性度量方法,如 MAD、MSD 和 NProd 等,可以得到更多的匹配算法。对于基准图与实时图存在较大差异的异源景像匹配,选择的相似性度量必须具有良好的抗畸变能力。相比之下,NProd 方法具有更优越的匹配性能[115]。对于其他应用领域,结合不同的检测算子,不同的相似性度量方法,还可设计实用的景像匹配算法。

3.3.3　匹配仿真实验与分析

以类似于图 3.2 所示的多组 PIONEER 卫片与实飞航片图像对进行匹配实验,仿真方法参考文献[143]。依据大量的匹配仿真实验,计算各种匹配算法的性能参数,结果如表 3.3 所示①。其中,实验基准图大小为 256×256,实时图大小为 64×64。

(a) 基准图　　　　　　　　　　　　(b) 实测图像

图 3.2　匹配仿真实验用图

---

① 本书在第 7 章对匹配算法性能评估问题进行了更为系统、深入的论述,这里仅给出特定条件下的具体实验结果,用以验证边缘强度匹配算法的实用意义,以及本书算法鲁棒性定义的合理性。

表 3.3　边缘强度匹配算法性能参数表

匹配算法	匹配概率/%	匹配精度/Pixels	匹配裕度	匹配适应度
MAD	65.7	0.058	1/1.002	65.57
MSD	70.8	0.042	1/0.973	72.96
NProd	77.7	0.039	1/0.967	80.35
RSNProd	68.5	0.057	1/1.002	68.36
PSNProd	80.6	0.084	1/0.944	85.38
SSNProd	80.8	0.080	1/0.944	85.59
LSNProd	96.8	0.007	1/0.873	110.88
LOGSNProd	98.6	0.084	1/0.853	115.59

可以看出,从相似性度量的角度讲,MAD 较差、MSD 次之、NProd 最优,正是由于 NProd 相似性度量方法本身所具有的良好的抗畸变能力,本书边缘强度匹配算法的设计均采用 NProd 方法。

匹配实验采用的是实测图像,由于获取平台、获取条件的不同,基准图与实时图之间存在较大差异,实时图具有较强的灰度畸变及噪声干扰,从匹配性能参数可以看出,LOG 算子对畸变的抑制能力最强、鲁棒性最好,这与 LOG 算子先滤波后检测的检测原理密不可分;从定位精度看,Laplacian 算子具有较高的匹配精度,这说明 Laplacian 的边缘强度检测定位精度优于其他几种算子。相比之下,Roberts 算子用于景像匹配并没有改善匹配性能,说明 Roberts 边缘检测造成的信息量损失对匹配的影响更甚于图像本身差异对匹配性能的影响;Prewitt 算子与 Sobel 算子性能相当,对灰度畸变具有较强的鲁棒性,但对于噪声干扰较为敏感。

由于匹配时间与实验环境有很大关系,这里并未给出定量结果。一般来讲,匹配算法的复杂性等于特征提取算法的复杂性加上匹配相似性度量的复杂性。在以上 8 种算法中,MAD、MSD、NProd 算法直接基于图像灰度,相似性度量的运算量就是匹配算法的运算量,比较而言,运算量较小;几种边缘强度匹配算法的运算量等于边缘检测算法运算量加上相似性度量的运算量,由几种算子的检测原理可知,Roberts 运算量最小,其他几种算子运算量相当,均具有运算简单、实时性高等特点。

对于可见光与 IR 图像的匹配问题,作者也进行了大量的匹配仿真实验,得到了类似的实验结果,即 Laplacian 与 LOG 边缘强度匹配算法优于其他几种算法。可以认为,Laplacian 与 LOG 是实际匹配系统优先选择的边缘检测算子。

综合考虑,可得出以下结论。

① 用匹配裕度、匹配适应度可定量描述匹配算法的鲁棒性,包括算法对畸变干扰的适应性及对景物特征变化的适应性。

② Laplacian 及 LOG 边缘强度匹配算法具有较强的鲁棒性,且算法简单、易于实现,在飞行器实时景像匹配制导中具有重要的应用前景。

3.4　基于 NMI 特征的目标匹配识别

由以上研究可知,在下视景像匹配中,采用的匹配算法均是基于图像灰度模板或是特征模板的匹配方式,对于类似于前视匹配定位中的 SAR 景像匹配,如对空、对舰等军事目标识别定位或其他复杂情况下的异源景像匹配问题,由于目标方位、分辨率的变化,传统意义下的边缘匹配方法受到制约,很难获得正确的匹配结果,需要研究更高层次的基于图像知识的匹配方案。一般是首先利用图像中的目标知识特征进行匹配识别,然后再进行定位、跟踪。提取图像中的目标知识特征是这类方案的关键技术。本节对这一问题进行了初步探讨研究。

参考物理学相关概念,本节系统定义了图像的质量、密度、质心、转动惯量等物理特征,提出图像的 NMI(normalized moment of inertia)特征[132]。该特征具有抗灰度(grayscale)及 TRS(translation,rotation and scaling)畸变的不变性(简称具有 GTRS 不变性)。基于 NMI 特征,本节给出一种不同分辨率目标图像的匹配识别方法,利用仿真比较实验验证了其有效性。

3.4.1　NMI 特征定义

在二维灰度图像处理中,习惯上用二维坐标函数 $f(x,y)$ 表示图像在 (x,y) 点的灰度,即亮度值。若将二维图像看成具有一定质量的平面薄片,即灰度值 $f(x,y)$ 表示图像在 (x,y) 点的质量,结合物理学上物体质量、质心及转动惯量的概念,对二维图像进行如下定义:

定义 3.5 图像质量　二维灰度图像所有的灰度值之和定义为该图像的质量,记为 m,则

$$m = \iint\limits_{\Omega} f(x,y)\mathrm{d}x\mathrm{d}y \tag{3.27}$$

其中,Ω 为图像所占的二维空间区域。

定义 3.6 图像密度　单位像素面积上的图像质量,记为 ρ,即

$$\rho = \frac{m}{\iint\limits_{\Omega}\mathrm{d}x\mathrm{d}y} = \frac{\iint\limits_{\Omega} f(x,y)\mathrm{d}x\mathrm{d}y}{\iint\limits_{\Omega}\mathrm{d}x\mathrm{d}y} \tag{3.28}$$

定义 3.7 图像质心　记为 $(\bar{x},\bar{y})$,则

$$\bar{x} = \frac{\iint_{\Omega} x \cdot f(x,y) \mathrm{d}x\mathrm{d}y}{m} = \frac{\iint_{\Omega} x \cdot f(x,y) \mathrm{d}x\mathrm{d}y}{\iint_{\Omega} f(x,y) \mathrm{d}x\mathrm{d}y}$$

$$\bar{y} = \frac{\iint_{\Omega} y \cdot f(x,y) \mathrm{d}x\mathrm{d}y}{m} = \frac{\iint_{\Omega} y \cdot f(x,y) \mathrm{d}x\mathrm{d}y}{\iint_{\Omega} f(x,y) \mathrm{d}x\mathrm{d}y}$$

(3.29)

对于均匀灰度值的二维图像,图像的质心也即该图像所占平面图形的形心。

定义 3.8 图像转动惯量　图像绕其中任一点(x_0,y_0)的转动惯量记为$J_{(x_0,y_0)}$,可定义为

$$J_{(x_0,y_0)} = \iint_{\Omega} |(x,y) - (x_0,y_0)|^2 f(x,y) \mathrm{d}x\mathrm{d}y$$

$$= \iint_{\Omega} ((x-x_0)^2 + (y-y_0)^2) f(x,y) \mathrm{d}x\mathrm{d}y \qquad (3.30)$$

对$f(x,y)$进行空间采样和灰度值量化,得到数字化阵列图像$f(i,j)$,则上述定义中式(3.27)~式(3.30)可以分别简化为

$$m = \sum_{i=1}^{M} \sum_{j=1}^{N} f(i,j) \qquad (3.31)$$

$$\rho = \frac{m}{M \times N} = \frac{\sum_{i=1}^{M} \sum_{j=1}^{N} f(i,j)}{M \times N} = \frac{1}{M \times N} \sum_{i=1}^{M} \sum_{j=1}^{N} f(i,j) \qquad (3.32)$$

$$\bar{i} = \frac{\sum_{i=1}^{M} \sum_{j=1}^{N} i \times f(i,j)}{\sum_{i=1}^{M} \sum_{j=1}^{N} f(i,j)}, \quad \bar{j} = \frac{\sum_{i=1}^{M} \sum_{j=1}^{N} j \times f(i,j)}{\sum_{i=1}^{M} \sum_{j=1}^{N} f(i,j)} \qquad (3.33)$$

$$J_{(i_0,j_0)} = \sum_{i=1}^{M} \sum_{j=1}^{N} |(i,j) - (i_0,j_0)|^2 f(i,j)$$

$$= \sum_{i=1}^{M} \sum_{j=1}^{N} ((i-i_0)^2 + (j-j_0)^2) f(i,j) \qquad (3.34)$$

其中,M和N分别为离散化的数字灰度图的行数和列数,$M \times N$便是图像的大小,点(i_0,j_0)为图像中的任一点。

如果经过处理的图像灰度量化等级只有两个值(通常为"0"与"1"),则称得到的图像为二值图像。图像的 NMI 特征正是基于二值图像而定义的。

定义 3.9 NMI 特征　根据前面对图像质量、质心、转动惯量的定义,给出二值图像绕质心的归一化转动惯量,简称图像的归一化转动惯量,记为 NMI,则

$$NMI = \frac{\sqrt{J_{(i,j)}}}{m} = \frac{\sqrt{\sum_{i=1}^{M}\sum_{j=1}^{N}((i-\bar{i})^2+(j-\bar{j})^2)f(i,j)}}{\sum_{i=1}^{M}\sum_{j=1}^{N}f(i,j)}$$

$$= \frac{\sqrt{\sum^{\mathrm{II}}\sum(i-\bar{i})^2+(j-\bar{j})^2}}{\sum^{\mathrm{II}}\sum} \tag{3.35}$$

其中,II 为二值图像中值为"1"的区域。

可以看出,NMI 为二值图像绕其质心的转动惯量开平方与其质量之比。对于利用边缘检测算子提取的二值边缘特征图,为了保持 NMI 对缩放的不变性,式(3.35)修正如下,即

$$NMI = \frac{\sqrt{\sum_{i=1}^{M}\sum_{j=1}^{N}\sqrt{(i-\bar{i})^2+(j-\bar{j})^2}f(i,j)}}{\sum_{i=1}^{M}\sum_{j=1}^{N}f(i,j)}$$

$$= \frac{\sqrt{\sum^{\mathrm{II}}\sum\sqrt{(i-\bar{i})^2+(j-\bar{j})^2}}}{\sum^{\mathrm{II}}\sum} \tag{3.36}$$

3.4.2 NMI 特征不变性分析

下面分析证明 NMI 特征对常见的灰度畸变和几何畸变的不变性。

定理 3.1 图像的 NMI 特征具有抗灰度畸变特性。

证明:因为灰度畸变一般是由照明原因使景物得到的光照强度的变化造成的,主要包括图像明暗度及对比度的畸变。通过图像的二值化处理,在二值特征图上有效地去除了背景,保存了目标信息或其边缘特征,因此二值特征图与原图相比,其边缘特征不变,即图像的边缘特征不受灰度畸变的影响[131]。图像的归一化转动惯量特征是基于图像的二值边缘特征图提取出来的,因此,图像的归一化转动惯量特征也具有抗灰度畸变性。　　　　　　　　　　　　　［证毕］

定理 3.2 图像的 NMI 特征具有平移不变特性。

证明:设原图像上点(i,j)的灰度值为 $f(i,j)$,图像各点经平移畸变后到达点(i',j'),即 $i'=i+\Delta i, j'=j+\Delta j$,其中,$\Delta i$、$\Delta j$ 分别为横向与纵向的位移量。

由式(3.33)可知,图像平移后的质心为$\bar{i}'=\bar{i}+\Delta i, \bar{j}'=\bar{j}+\Delta j$,可见平移后的二值图像目标区各点到其图像质心的距离大小没有改变;

由式(3.35)可知,图像的归一化转动惯量特征只与图像上各点及各点到其质

心的距离有关,加之,目标区域 II 大小在平移过程中并没有改变。

因此,平移后图像的归一化转动惯量特征也不变,即图像的归一化转动惯量特征具有平移不变特性。 [证毕]

定理 3.3 图像的 NMI 特征具有旋转不变特性。

证明:图像的旋转畸变后,原像素点坐标(i,j)变换为坐标(i',j'),即旋转畸变后的坐标为

$$\begin{bmatrix} i' \\ j' \end{bmatrix} = \begin{bmatrix} \cos\theta & \sin\theta \\ -\sin\theta & \cos\theta \end{bmatrix} \times \begin{bmatrix} i \\ j \end{bmatrix}, \quad 即 \begin{cases} i'=i\times\cos\theta+j\times\sin\theta \\ j'=-i\times\sin\theta+j\times\cos\theta \end{cases}$$

由式(3.33)可知,图像旋转后的质心为

$$\begin{cases} \bar{i}' = \dfrac{\sum\limits_{i=1}^{N}\sum\limits_{j=1}^{N} i'\times f(i,j)}{\sum\limits_{i=1}^{N}\sum\limits_{j=1}^{N} f(i,j)} \\ \quad = \dfrac{\sum\limits_{i=1}^{N}\sum\limits_{j=1}^{N}(i\times\cos\theta+j\times\sin\theta)\times f(i,j)}{\sum\limits_{i=1}^{N}\sum\limits_{j=1}^{N} f(i,j)} \\ \quad = \bar{i}\times\cos\theta+\bar{j}\times\sin\theta \\ \bar{j}' = \dfrac{\sum\limits_{i=1}^{N}\sum\limits_{j=1}^{N} j'\times f(i,j)}{\sum\limits_{i=1}^{N}\sum\limits_{j=1}^{N} f(i,j)} \\ \quad = \dfrac{\sum\limits_{i=1}^{N}\sum\limits_{j=1}^{N}(-i\times\sin\theta+j\times\cos\theta)\times f(i,j)}{\sum\limits_{i=1}^{N}\sum\limits_{j=1}^{N} f(i,j)} \\ \quad = -\bar{i}\times\sin\theta+\bar{j}\times\cos\theta \end{cases} \tag{3.37}$$

则变换后内部各点到质心的距离为

$$\begin{aligned} d' &= \sqrt{(i'-\bar{i}')^2+(j'-\bar{j}')^2} \\ &= \sqrt{[(i-\bar{i})\times\cos\theta+(j-\bar{j})\times\sin\theta]^2+[(-i+\bar{i})\times\sin\theta+(j-\bar{j})\times\cos\theta]^2} \\ &= \sqrt{(i-\bar{i})^2+(j-\bar{j})^2} \\ &= d \end{aligned} \tag{3.38}$$

可见,虽然旋转畸变后的图像质心产生了变化,但各点到质心的距离,以及区域 II 的大小和形状没有变化,由式(3.35)知,旋转后图像的归一化转动惯量特征也不变,即图像的 NMI 具有旋转不变特性。 [证毕]

定理 3.4 图像的 NMI 特征具有保守的比例不变特性。

证明：设图像在横向和纵向的缩放比例都为 k，则原像素点坐标 (i,j) 变换后的坐标 (i',j') 为 $\begin{bmatrix} i' \\ j' \end{bmatrix} = \begin{bmatrix} k \times i \\ k \times j \end{bmatrix}$，由式(3.33)知，图像的质心坐标为 $\begin{cases} \bar{i}' = k \times \bar{i} \\ \bar{j}' = k \times \bar{j} \end{cases}$，图像内部各点到质心的距离为 $d' = k \times \sqrt{(i-\bar{i})^2 + (j-\bar{j})^2} = k \times d$，区域 II 的变化因图像二值化方法的不同而不同。灰度门限化方法得到的 II 是目标的面积，而利用边缘检测方法得到的是目标的边缘特征，对应于长度。又知，对于同样的缩放倍数 k，图像面积变化 k^2 倍，而边长变化 k 倍。因此，当图像变化 k 倍时，用灰度门限化方法得到的 $\text{II}' = k^2 \text{II}$，而利用边缘检测方法得到的 $\text{II}' = k\text{II}$。式(3.35)和式(3.36)的不同以及采用归一化方法正是考虑到以上因素而设计的，因此理想条件下，NMI 对比例畸变也具有不变性。由于实际中数字图像缩放对区域 II 的影响并不严格具有物理上或几何上的约束关系，因此 NMI 特征的比例不变性具有一定的保守性。　　　　　　　　　　　　　　　　　　　　　　　　　　　　　　［证毕］

3.4.3　仿真实验与分析

为了验证 NMI 特征的不变性及实用意义。本书以图 3.3 所示飞行器模型图像及其相应的畸变图像为例，进行 NMI 特征提取实验，进而利用 NMI 特征进行目标的匹配识别实验。

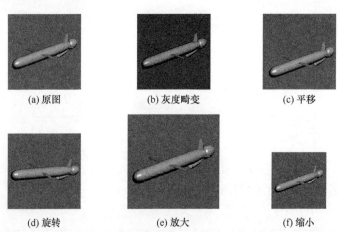

(a) 原图　　　　　　(b) 灰度畸变　　　　　　(c) 平移

(d) 旋转　　　　　　(e) 放大　　　　　　(f) 缩小

图 3.3　实验图像及其灰度、几何畸变

1. NMI 特征提取实验

分别采用 Roberts 算子、Sobel 算子、Laplacian 算子对图 3.3 进行二值化处理，得到其二值特征图，如图 3.4 所示。

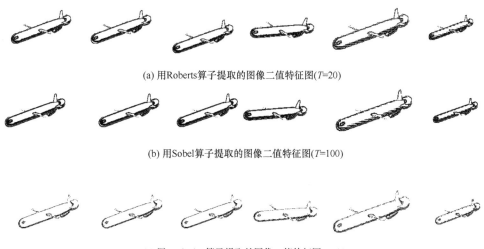

(a) 用 Roberts 算子提取的图像二值特征图(T=20)

(b) 用 Sobel 算子提取的图像二值特征图(T=100)

(c) 用 Laplacian 算子提取的图像二值特征图(T=30)

图 3.4　边缘检测二值化图像

基于以上二值边缘特征图,根据式(3.36)分别提取其 NMI 特征,结果如表 3.4 所示。

表 3.4　NMI 特征提取实验结果

图像	NMI 特征		
	Roberts 算子	Laplacian 算子	Sobel 算子
原图	0.15568	0.22729	0.14987
灰度畸变	0.15650	0.22743	0.15009
平移	0.15568	0.22729	0.14987
旋转 15°	0.15632	0.22900	0.14970
放大 0.25 倍	0.15386	0.20888	0.15060
缩小 0.25 倍	0.15965	0.21267	0.15512

由表可知,利用确定的二值化方法提取的图像 NMI 特征具有一定的抗灰度及 TRS 不变性。个别误差的产生原因主要来源于二值图像数据矩阵作相应变换时像素点的近似、目标图像区域的微弱变化以及边缘检测算法误差。同时还可以看出,对于同一目标图像,二值化方法不同,图像的 NMI 特征也有所不同,这是因为 NMI 特征的提取是建立在二值图像基础上,而用不同的二值化方法得到的二值特征图有一定的差异,这一点由图 3.4 也可以看出。

2. 目标的匹配识别实验

基于图像的 NMI 特征,我们设计了一种具有代表性的图像目标匹配识别方法,流程如图 3.5 所示。

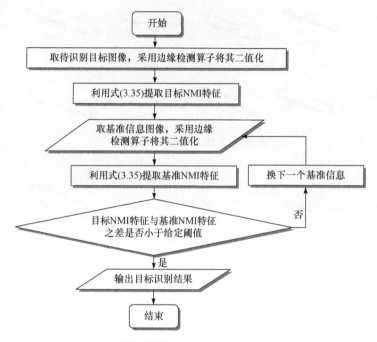

图 3.5　目标识别方法流程图

以图 3.3 所示的图像为例,原图作为参考信息图像,畸变后的各图作为待识别目标图像,图像大小为 90×90。规定度量值 NProd 系数≥0.95、MAD≤0.005 时目标与参考信息一致,即目标识别正确,反之错误。表 3.5 给出了本书方法与经典的 NProd 及图像矩算法[18]在相同条件下的实验结果。

表 3.5　目标匹配识别实验结果

目标图像	识别结果		
	NProd	图像矩算法	本书方法
原图	√	√	√
灰度畸变	√	√	√
平移	×	×	√
旋转 15°	×	√	√
放大 0.25 倍	×	√	√
缩小 0.25 倍	×	√	√
时间	4	18	11

注:表中√表示目标识别正确,×表示识别错误;时间单位为 ms;实验用机为 P Ⅱ 450PC。

可以看出,待识别目标图像无几何畸变时,NProd 算法、图像矩算法及本书算法均能正确地识别目标;当目标图像存在一定的平移、旋转或比例变化时,本书方法仍然可以取得很好地识别效果,且识别用时小于图像矩算法,本书方法具有较好的实时性。当然,在实时目标识别中,阈值的确定问题至关重要。不难理解,阈值的确定依赖于两方面,一是待识别目标图像受干扰即畸变的程度,畸变较严重时,阈值适当增大,反之则减小;二是已知的基准信息图像库中各个基准信息图像 NMI 特征值之间的差异程度,差异度大时,阈值可增大,反之减小。同时,基准信息图像的 NMI 特征可以在图像的预处理阶段事先准备好,这样可以减少目标识别的计算量,缩短识别时间,提高识别效率。以本书所给实验用图及实验环境为例,若除去基准信息的预处理时间,目标识别方法可以提高至 6ms。基于目标的正确识别结果,结合前面物理特征的定义,计算目标二值图像的质心,就可以确定目标的位置,或者得到飞行器当前与目标的相对位置。

当然,对于地面复杂背景条件下的目标识别问题,采用 NMI 特征进行目标识别具有很大的局限性,并不能保证匹配的正确性,因为这种特征的信息量损失过大,且干扰边缘对特征值的稳定性有较大影响。为了增加特征值的鲁棒性,可以考虑采用多特征组合模式,如与边缘密度、边缘重心等特征值构成特征向量,进行匹配运算,提高目标识别的可靠性;另一方面,可以利用分层匹配的思想,用 NMI 特征进行粗匹配,用其他信息量丰富、稳定性更强的特征,如 SIFT 特征、SURF 特征等局部不变特征进行精确匹配,采用多特征融合的策略与方法,实现特征目标的可靠、快速、精确匹配。此外,自作者提出 NMI 特征以来,该特征就被众多研究人员参考引用[144-148],应用于目标跟踪、图像检索、视频监测等多个领域,为特定条件下的典型目标识别提供了有效的方法支持。

第 4 章　景像匹配相似性度量体系研究

　　相似性度量是景像匹配算法最基本、最重要的组成部分。本章系统研究了用于景像匹配的相似性度量方法，通过匹配仿真实验，对经典的 MAD、MSD、NProd 进行了性能分析，提出一种新的相似性度量方法，即投影度量，完备了景像匹配相似性度量体系。基于投影度量，设计了 Proj、MProj、EProj 3 种景像匹配算法，通过匹配实验验证了这 3 种算法的良好性能及投影度量的有效性和实用性。

4.1　引　　言

　　提取出异源景像的共性稳定特征后，依据匹配算法的基本三要素，研究设计匹配算法的第二步就是选择合适的相似性度量。相似性度量（similarity measurement），又称相似度准则，它的确定是研究景像匹配算法（scene matching algorithm，SMA）的重要内容之一。由于不同的相似性度量机理不同，其适应的情况也各异。相似性度量的选择与匹配特征的选择有密切关系，它的选择决定了匹配算法的基本特性，直接影响匹配结果的有效性、正确性与精确性。因此，研究合适的相似性度量对于提高 SMA 的整体性能具有重要意义。特别是，对于实时图与基准图存在较大差异的异源景像匹配，选择合适的匹配度量方法至关重要[11,42]。已有大量文献对景像匹配算法进行了深入研究，综述性文章见文献[11]，[17]，[42]，[61]，而对景像匹配相似性度量方法的系统研究并不多见。鉴于此，本章系统研究了景像匹配中采用的相似性度量方法，对几种实用的相似性度量方法进行了分析比较，研究提出投影相似性度量方法。理论分析与仿真实验均表明，新的度量方法在保证 NProd 固有匹配性能的基础上，减少了计算量，提高了匹配算法的实时性，在飞行器匹配制导定位中具有重要的实用价值。

4.2　异源景像匹配相似性度量体系

　　在异源景像匹配中，由于实时图在获取过程中存在着各种偏差，如灰度畸变、几何失真、变换误差等，很难实现基准图与实时图的完全匹配，因此两图之间的匹配比较只能用相似程度来描述。距离度量与相关度量是景像匹配相似性度量准则中最基本的两大类[2,11,17,149]。不失一般性，在以下分析研究中，基准图（对于更一般的景像匹配系统，是指基准子图）与实时图分别记作 X 和 Y，大小均为 $n \times n$。

4.2.1　距离度量方法

1. 绝对差（absolute difference，AD）

$$D_{\mathrm{AD}} = \sum_{i=0}^{n-1} \sum_{j=0}^{n-1} \mid x_{i,j} - y_{i,j} \mid \tag{4.1}$$

绝对差在有些文献里也称绝对误差（absolute error，AE）或绝对误差和（sum of absolute error，SAE），或绝对差和（sum of absolute difference，SAD），又称城市距离、街区距离或 Hamming 距离。

2. 平均绝对差（mean absolute difference，MAD）

$$D_{\mathrm{MAD}} = \frac{1}{n \times n} \sum_{i=0}^{n-1} \sum_{j=0}^{n-1} \mid x_{i,j} - y_{i,j} \mid \tag{4.2}$$

同理，MAD 又称 MAE 平均绝对误差。

3. 平方差（square difference，SD）

$$D_{\mathrm{SD}} = \sum_{i=0}^{n-1} \sum_{j=0}^{n-1} (x_{i,j} - y_{i,j})^2 \tag{4.3}$$

平方差又称平方误差（square error，SE）或平方误差和（sum of square error，SSE）或（sum of square difference，SSD）。

4. 欧氏距离（eulerian distance，ED）

$$D_{\mathrm{ED}} = \sqrt{\sum_{i=0}^{n-1} \sum_{j=0}^{n-1} (x_{i,j} - y_{i,j})^2} \tag{4.4}$$

5. 均方差（mean square difference，MSD）

$$D_{\mathrm{MSD}} = \frac{1}{n \times n} \sum_{i=0}^{n-1} \sum_{j=0}^{n-1} (x_{i,j} - y_{i,j})^2 \tag{4.5}$$

同理，均方差又称均平方误差（mean square error，MSE）。上式右边开根号便得到均方根误差（root mean square error，RMSE）。

上述公式中，D_{AD} 和 D_{MAD} 等表示匹配的度量值；$x_{i,j}$ 表示基准图的第 (i,j) 个像元灰度值；$y_{i,j}$ 是实时图的第 (i,j) 个像元灰度值。显然，$D_{\mathrm{AD}} \geqslant 0$，具有极小值，并且在绝对无噪声和其他图像畸变的情况下，该极小值为 0，利用这一性质便可判别基准图与实时图的相似程度。

6. Hausdorff 距离（Hausdorff distance，HD）

给定两个有限集 $A=\{a_1,a_2,\cdots,a_p\}$ 和 $B=\{b_1,b_2,\cdots,b_q\}$，则 A 和 B 之间的 HD 定义如下[67]，即

$$H(A,B)=\max(h(A,B),h(B,A)) \tag{4.6}$$

其中，$h(A,B)=\max\limits_{a_i\in A}\min\limits_{b_j\in B}\parallel a_i-b_j\parallel$，$h(B,A)=\max\limits_{b_i\in B}\min\limits_{a_j\in A}\parallel b_i-a_j\parallel$，$\parallel\cdot\parallel$ 为定义在点集 A 和 B 上的某种距离范数，函数 $h(A,B)$ 称为从点集 A 到点集 B 的有向 Hausdorff 距离（direction Hausdorff distance，DHD）。

为了易于理解，定义点 a_i 到有限集合 B 的距离为点 a_i 与这个集合所有点的距离的最小值，记为 $h_{a_i\to B}$。其数学表达式为

$$h_{a_i\to B}=\min\limits_{b_j\in B}\parallel a_i-b_j\parallel \tag{4.7}$$

那么，$h(A,B)$ 即为点集 A 中的每个点到集合 B 的距离的最大值。

一般情况下，$h(A,B)$ 并不等于 $h(B,A)$。如果 $h(A,B)=d$，则说明 A 中的点到点集 B 的最短距离都在 0 到 d 的范围之内。HD 的理解可以用平面内的两个点集的关系的形象地表示，距离如图 4.1 所示。

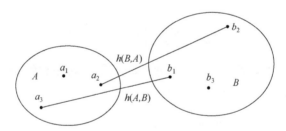

图 4.1　Hausdorff 距离示意图

显然，$h(B,A)$ 为 a_2 到 b_2 的距离，$h(A,B)$ 为 a_3 到 b_1 的距离，$H(A,B)=\max(h(A,B),h(B,A))=h(B,A)$。

可以看出，HD 是一种极大极小距离。尽管它本身并不能直接衡量两幅边缘图像的相似性，但极大极小距离的思想却被后人利用，基于此许多学者提出了改进的 Hausdorff 距离及部分 Hausdorff 距离（partial HD，PHD）等用作二值边缘景像匹配的相似性度量[67-69]。为了计算上述定义中的 DHD，需要把二值边缘图像进行距离变换，生成距离变换图像。距离变换给出的是图像的任意一点到边缘像素的最近距离值的图像。常用的是 3-4DT 法[69]。图 4.2 给出了某地的原始灰度图像、二值边缘图像，以及用 3-4DT 法得到的距离变换图像。

以 DH 作为相似性度量，匹配算法具有较强的鲁棒性与容错性，但对于飞行器景像匹配定位系统来说，其明显的缺陷是算法过于复杂，很难满足飞行器的实时性

(a) 原始灰度图　　　　　(b) 二值边缘图　　　　　(c) 距离变换图

图 4.2　图像的距离变换

要求。同时，由于 DH 是基于图像的二值边缘特征，本质上讲是一种特征匹配方式，对特征检测算法，即边缘提取算法提出很高要求，边缘检测方法的选择对于匹配性能具有较大影响。

4.2.2　相关度量方法

相关度量主要有以下几种形式[2,21]。

1. 积相关（product correlation，Prod）

$$R_{\text{Prod}} = \sum_{i=0}^{n-1}\sum_{j=0}^{n-1} x_{i,j} y_{i,j} \tag{4.8}$$

可见，R_{Prod} 实际上是实时图与基准图信息互相关函数的一种离散形式，又称为积相关函数。可以看出，积相关方法即使在理想情况下，度量值的极大值也不一定是唯一的，因此最大的度量值就不一定能对匹配作出决策。归一化积相关方法是对积相关方法的改进。

2. 归一化积相关（normalized product correlation，NProd）

$$R_{\text{NProd}} = \frac{\boldsymbol{x} \cdot \boldsymbol{y}}{\|\boldsymbol{x}\|_2 \|\boldsymbol{y}\|_2} \tag{4.9}$$

展开后可得下式，即

$$R_{\text{NProd}} = \frac{\sum_{i=0}^{n-1}\sum_{j=0}^{n-1} X_{i,j} Y_{i,j}}{\left(\sum_{i=0}^{n-1}\sum_{j=0}^{n-1} X_{i,j}^2\right)^{\frac{1}{2}} \left(\sum_{i=0}^{n-1}\sum_{j=0}^{n-1} Y_{i,j}^2\right)^{\frac{1}{2}}} \tag{4.10}$$

其中，R_{NProd} 通常称为归一化积相关系数或 NProd 系数。根据柯西-许瓦兹不等式

(Cauchy-Schwartz inequality,CSI),$0 \leqslant R_{\text{NProd}} \leqslant 1$,当 $R_{\text{NProd}} = 1$ 时,度量值取得极大值,说明两图像信息完全一致(在实际景像匹配中,$X = k \cdot Y$ 的情况可以忽略不考虑,其中 k 为实常数)。这样利用 R_{NProd} 值的大小,便可判定两图的相似程度。为了描述问题符合常规,图像像素值用 x_{ij} 或 $X_{i,j}$ 均可表述。

3. 相关系数法(correlation coefficient,CC)

这种方法是参考随机过程理论中两个随机变量相关函数的概念而定义的,又称为去均值归一化积相关,数学表达式为

$$R_{cc} = \frac{\sum_{i=0}^{n-1}\sum_{j=0}^{n-1}(X_{i,j} - \overline{X})(Y_{i,j} - \overline{Y})}{\left(\sum_{i=0}^{n-1}\sum_{j=0}^{n-1}(X_{i,j} - \overline{X})^2\right)^{\frac{1}{2}}\left(\sum_{i=0}^{n-1}\sum_{j=0}^{n-1}(Y_{i,j} - \overline{Y})^2\right)^{\frac{1}{2}}} \tag{4.11}$$

其中,$\overline{X}$ 为基准图的平均值(对于景像匹配制导而言,对应为基准子图),$\overline{X} = \frac{1}{n \times n}\sum_{i=0}^{n-1}\sum_{j=0}^{n-1}X_{i,j}$;$\overline{Y}$ 为实时图的平均值,$\overline{Y} = \frac{1}{n \times n}\sum_{i=0}^{n-1}\sum_{j=0}^{n-1}Y_{i,j}$。

由式(4.11)可知,相关系数其实是一种修正的归一化积相关方法,只不过在匹配前,对基准图及实时图均进行了去均值处理。对于灰度匹配算法而言,正是这一处理过程,使得 CC 方法具备了比 NProd 方法更好的噪声及灰度抑制能力。

4. 相位相关度量(phase correlation,PC)

相位相关技术是一种非线性、基于傅氏功率谱的频域相关技术。该方法只取互功率谱中的相位信息,减少了对图像灰度的依赖性。其基本算法如下[42]。

设 X_F 和 Y_F 分别为基准图与实时图的 Fourier 变换,则它们的互功率谱为 $X_F * Y_F^*$,归一化可得其相位,即

$$e^{j\theta_{X,Y}} = \frac{X_F * Y_F^*}{|X_F * Y_F^*|} = e^{j(\theta_X - \theta_Y)} \tag{4.12}$$

其中,θ_X 和 θ_Y 分别为 X 和 Y 的相位谱。

该相位谱包含两图之间位置平移的所有信息,是一个频谱幅度在全频域内为 1 的功率谱。对上式进行 Fourier 反变换,可得相位相关函数 Φ 为

$$\Phi = \mathfrak{I}^{-1}[e^{j\theta_{X,Y}}] \tag{4.13}$$

对于相位相关函数,当两图完全相同时,其值为 1,反之为 0。因此,可以用来度量两图之间的相似程度。在相位相关度量中,由于几何失真和噪声一般为高频信号,可以采用一个低通滤波器,以抑制这些干扰,即 $\Phi = \mathfrak{I}^{-1}[He^{j\theta_{X,Y}}]$,其中 H 为低通滤波器,其缺点是匹配精度有所下降。

4.2.3　其他相似性度量方法

除了以上给出的常用相似性度量方法外,结合不同的数据特征及应用背景,景像匹配还可以采用如下相似性度量方法。

1. 基于 Hausdorff 距离的相似性度量

除了前面给出的最基本的 Hausdorff 距离外,还有其他多种基于 Hausdorff 距离思想而发展的度量方法。Dubussion 与 Jain[67] 基于距离平均思想提出了改进的 Hausdorff 距离(modified Hausdorff distance,MHD)。Azencott 通过分析点对点距离的统计特性,对 Hausdorff 距离进行了修改,提出了 CHD(censored Hausdorff distance)距离度量[68]。计算 CHD 时需要设定两个待定参数,因此具有一定的主观性。Lu 与 Chew 等[69] 在研究文字图像的识别中,提出一种加权 Hausdorff 距离(weighted Hausdorff distance,WHD),在 MHD 的基础上对距离进行加权处理,Lu 将这种度量方法应用于中文和英文的匹配识别中,取得了很好效果。

2. 基于概率测度的相似性度量

基于贝叶斯理论,通常采用后验概率来评估模板图像与待匹配图像之间的相似程度[70]。为此要引入变形模板 T_s,参数 θ、ξ、d,其中 θ 是 T_s 相对于原模板旋转的角度,ξ 是一个参数集合,表示模板各局部变形的参数,s 是局部变形的放大因子,d 是局部的位移。定义一个模板变形概率密度函数 $P(s,\theta,\xi,d)$,以及衡量 T_s 与待匹配图像 F 之间差别的能量函数 $E(T_s,\theta,\xi,d,F)$,则所用的后验概率 $P(s,\theta,\xi,d|F)$ 表示图像模板与待匹配图像之间的相似程度。这一后验概率可以分解为

$$P(s,\theta,\xi,d|F)=P(F|s,\theta,\xi,d)*P(s,\theta,\xi,d)/P(F)$$
$$=P(E(T_s,\theta,\xi,d,F)|s,\theta,\xi,d)*P(s,\theta,\xi,d)/P(F) \quad (4.14)$$

则后验概率越大表示两者越相似。Lampinen 采用蒙特卡罗-马尔可夫链(Markov chain Monte Carlo,MCMC)实现了目标图像的贝叶斯匹配。

3. 基于 Fuzzy 集的相似性度量

Fuzzy 集相似性度量方法的基本思想是将经典集合论中常用的度量集合 A 和 B 之间相似程度的计算方法 $\mathrm{card}(A\cap B)/\mathrm{card}(A\cup B)$ 进行扩充,进而得出基于 Fuzzy 集的度量方法。文献[71]系统研究了求取图像 Fuzzy 特征域的计算方法,给出 8 种典型的 Fuzzy 相似度度量,并探讨综合利用多种 Fuzzy 相似度方法进行匹配的方法,进行了仿真实验,为飞行器实时景像匹配提供了一种可行方法。基于 Fuzzy 集的相似性度量方法为智能系统中近似推理的开发与研究提供了一个十分有用的工具[136]。

4. 基于共性(互)信息(mutual information,MI)的相似性度量

Viola 与 Wells 于 1995 年首次提出 MI 的概念,并将其应用于医学图像的分析处理中。共性信息的定义是基于信息论中的统计学,利用共性信息作为相似性度量实质上是描述两幅图像统计上的相关性。对于两幅经过几何配准的图像 A 和 B,其共性信息 $I(A,B)$ 定义为[72-73]

$$I(A,B) = H(A) + H(B) - H(A,B) \tag{4.15}$$

其中,$H(A)$ 和 $H(B)$ 分别表示图像 A 和 B 的边缘熵(marginal entropies);$H(A,B)$ 表示两图的联合熵(joint entropies)。

熵可由香农(Shannon)给出的定义求得,即

$$H(*) = -\sum p(*) \log p(*) \tag{4.16}$$

其中,$p(*)$ 表示数据边缘概率分布或联合概率分布,可以从图像灰度分布估计得到。类似地,Buzug 等 1997 年提出能量相似性度量。之后,Likar、Banes、Maintz、Rogelj 和 Fookes 等[72-73,150]对 MI 度量方法进行了丰富和改进,并成功应用于多模景像匹配的众多工程领域。

5. 基于最大似然估计(maximum-likehood)的相似性度量

Olson[81]于 2002 年提出最大似然相似性度量方法,该方法既可以应用于边缘模板匹配,也可以应用于灰度景像匹配,且对微弱的视角(viewpoint)变化及灰度畸变具有鲁棒性,对于图像特征信息中的不确定性(uncertainty)也具有一定的抑制作用。Olson 等将最大似然景像匹配算法应用于立体匹配及特征目标跟踪,取得了很好的效果。

此外,针对不同的匹配应用背景,如弹性景像匹配、彩色景像匹配、立体景像匹配,研究人员还给出了许多改进的距离度量方法。如 Bhattacharyya 距离、Bottleneck 距离、Lp 距离、Minkovski 距离、EMD(Earth Mover's distance)距离、兰氏距离、马氏距离,其原理可以参阅文献[18]-[20]。

4.2.4 相似性度量方法性能分析

可以看出,用于景像匹配的相似性度量方法可谓是琳琅满目、种类繁多。然而,对于飞行器景像匹配制导系统而言,综合考虑算法的可靠性、稳定性、实时性要求,通常采用经典距离度量与相关度量进行算法设计[2,42]。3.3.3 节对最基本的三种相似性度量方法 MAD、MSD、NProd 进行了定量比较分析。图 4.3 给出了相应的匹配概率和匹配精度比较曲线。

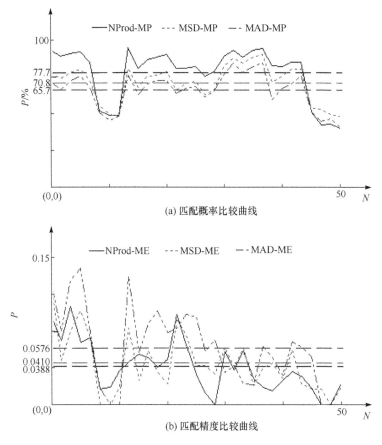

图 4.3　MAD、MSD 及 NProd 匹配性能比较曲线

在图 4.3 中,实线为 NProd、虚线为 MSD、点划线为 MAD、横坐标为景像匹配对数据序列,纵坐标分别为匹配概率与匹配误差。可以看出,NProd 方法的综合匹配性能明显优于其他两种。

关于其他相似性度量方法,CC 方法的本质是在 NProd 方法上的改进,增加了图像的去均值预处理,从而使其抗噪声及灰度畸变能力增强;相位相关方法虽然可采用 FFT 快速算法,但其匹配精度会因为频域对噪声等高频干扰较为敏感而降低;基于 Hausdorff 距离的方法较为复杂,且仅适用于二值图像,对于匹配制导系统并不实用;基于概率测度的方法需要已知准确的先验知识;基于 Fuzzy 集的相似性度量方法本质上也是先对图像进行预处理,进而将传统的距离度量与相关度量方法简化修正;基于 MI 的相似性度量方法对于基于知识的智能匹配算法设计具有重要意义,需要先由图像灰度估计出图像的边缘概率分布和联合概率分布。

比较各种相似性度量的可靠性、鲁棒性、精确性及实时性指标,综合而言,

NProd 相似性度量方法体现更为出色的匹配性能,是算法设计时应优先选择的相似性度量方法。同时,据我们对已查阅研究文献的不完全统计,各种景像匹配算法中,60%以上均采用了 NProd 度量方法,针对飞行器景像匹配制导定位领域研究的匹配算法中,80%均采用了 NProd 度量方法。归一化积相关相似性度量是景像匹配算法中应用最为广泛的相似性度量方法[2,4,11-14,36-45]。正因为如此,许多高适应性的匹配算法均是基于 NProd 度量方法而设计的。

4.3　投影度量方法

本书提出的投影度量,从本质上讲,是建立在向量之间投影的基础上,相对于距离与夹角而言的,在向量的空间几何关系上,完备了相似性度量体系,为算法设计提供了新的思路。文献[18]对投影匹配算法进行了论述,其原理是把二维图像的灰度值投影变换为一维数据,然后再在一维数据的基础上进行匹配运算,算法中的投影本质上是对匹配特征空间的变换。本书提出的投影度量是一种相似性度量准则,为了有所区别,用"Proj"表示投影度量方法。

4.3.1　投影度量方法原理

在飞行器的匹配定位中,实时图是与基准子图进行相似性比较的。在离散情况下,实时图与任一实验匹配位置 (u,v) 上的基准子图都可以表示成 $n \times n \times 1$ 矢量,分别记作 y 和 $x_{u,v}$,(u,v) 表示基准子图在基准图中的位置,若设基准图的大小为 $m \times m$,则 $0 \leqslant u \leqslant m-n$,$0 \leqslant v \leqslant m-n$,即正常情况下,实时图在基准图中的移位搜索范围大小为 $(m-n+1)^2$。两者在欧氏空间 $R^{n \times n \times 1}$ 中的几何关系如图 4.4 所示。

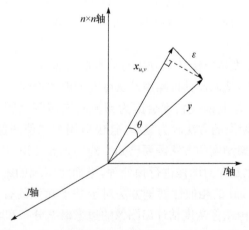

图 4.4　图像灰度矢量 y 与 $x_{u,v}$ 之间的几何关系

由图 4.4 可知,如果图像矢量 y 和 $x_{u,v}$ 矢端之间的距离 ε 或者它们之间的夹角 θ 越小,则表明两者更趋于一致。图像矢量 y 和 $x_{u,v}$ 矢端之间的距离可以用它们的差矢量 $\varepsilon = x_{u,v} - y$ 的范数来表示,依据不同的范数定义,便可获得不同距离度量方法。前面总结的距离度量和 NProd 度量方法本质上正是这种思想。例如,针对基准子图矢量 $x_{u,v}$ 与实时图矢量 y 的匹配,式(4.1)、式(4.3)和式(4.10)可以分别表示为

AD

$$D(u,v) = \parallel \varepsilon \parallel_1 = \parallel x_{u,v} - y \parallel_1 = \sum_{i=0}^{n-1} \sum_{j=0}^{n-1} \mid x_{i+u,j+v} - y_{ij} \mid \qquad (4.17)$$

SD

$$D(u,v) = \parallel \varepsilon \parallel_2^2 = \parallel x_{u,v} - y \parallel_2^2 = \sum_{i=0}^{n-1} \sum_{j=0}^{n-1} (x_{i+u,j+v} - y_{ij})^2 \qquad (4.18)$$

NProd

$$R_{\text{NProd}}(u,v) = \cos\theta = \frac{x_{u,v} \cdot y}{\parallel x_{u,v} \parallel_2 \parallel y \parallel_2} = \frac{\displaystyle\sum_{i=0}^{n-1} \sum_{j=0}^{n-1} X_{u+i,v+j} \times Y_{i,j}}{\left(\displaystyle\sum_{i=0}^{n-1} \sum_{j=0}^{n-1} X_{u+i,v+j}^2\right)^{\frac{1}{2}} \times \left(\displaystyle\sum_{i=0}^{n-1} \sum_{j=0}^{n-1} Y_{i,j}^2\right)^{\frac{1}{2}}}$$

$$(4.19)$$

不难看出,图像矢量 y 和 $x_{u,v}$ 的相似程度还可用 y 在 $x_{u,v}$ 上的投影表示,如图 4.4 中虚线所示。也就是,投影值越大,说明两者越接近,相应的两幅图像则越相似。若将 y 在 $x_{u,v}$ 上的投影记为 R_{Proj},定义投影度量如下。

定义 4.1 投影度量

图像矢量 y 在 $x_{u,v}$ 上的投影度量值 $R_{\text{Proj}}(u,v)$ 由下式计算,即

$$R_{\text{Proj}}(u,v) = \parallel y \parallel_2 \times \cos\theta = \frac{x_{u,v} \cdot y}{\parallel x_{u,v} \parallel_2} = \frac{\displaystyle\sum_{i=0}^{n-1} \sum_{j=0}^{n-1} X_{u+i,v+j} Y_{i,j}}{\left(\displaystyle\sum_{i=0}^{n-1} \sum_{j=0}^{n-1} X_{u+i,v+j}^2\right)^{\frac{1}{2}}} \qquad (4.20)$$

显然,式(4.20)实质上是式(4.19)的简化处理结果,即式(4.19)分母去掉实时图向量 y 的模 $\parallel y \parallel_2$ 项。事实上,所有采用 NProd 作为相似性度量的景像匹配算法,需要依公式原理计算实时图向量 y 的模 $\parallel y \parallel_2$,然后比较所有位置的 NProd 系数,$R_{\text{Nprod}}(u,v)$ 值越大,则两图越相似,通常取具有最大的 NProd 系数的匹配位置为正确匹配位置。因为所有位置的 NProd 系数中均有 $\parallel y \parallel_2$ 项,属于不变量,这样算法实现时可以不计算实时图向量 y 的模 $\parallel y \parallel_2$,余下部分正是投影度量值 $R_{\text{Proj}}(u,v)$。这恰好从理论上证明了投影度量的科学性与正确性。

4.3.2　基于投影度量的景像匹配算法

基于投影度量的原理分析,任何采用 NProd 作为相似性度量的景像匹配算法,均可改进为基于投影度量的模式。这里给出基于 Proj 度量的景像匹配算法过程描述。

基于 Proj 度量的景像匹配算法

第一步:数据参数的初始化。

Jzt_Height＝基准图高度;Jzt_Width＝基准图宽度;

Sst_Height＝实时图高度;Sst_Width＝实时图宽度;

Rmax＝0;//投影度量值

Lx＝0;Ly＝0;//匹配位置

第二步:实时图 Y 与基准图 X 的特征空间变换。

//如用边缘检测方法提取图像边缘

第三步:平移搜索匹配。

for(int u＝0;u＜Jzt_Height － Sst_Height ＋1;u＋＋)

　for(int v＝0;v＜Jzt_Width － Sst_Width ＋1;v＋＋)

　　〔取(u,v)位置的基准子图 X(u,v)

　　　按式(4.19)计算(u,v)位置的投影值 Ruv;

　　　if(Ruv＞Rmax)//此处采用首次最大值法

　　　　{

　　　　Rmax＝ Ruv; Lx＝u; Ly＝v;

　　　　}

　　〕

第四步:输出匹配位置:Lx,Ly。

与 3.3.2 节给出的基于 NProd 度量的景像匹配算法相比,基于 Proj 度量的算法比基于 NProd 度量的算法更为简单,体现在以下两方面。

① 不用计算实时图特征向量的模值。

② 度量值简化,计算方便。

理论分析与算法实现均可知,用 NProd 方法及 Proj 方法设计的匹配算法的匹配结果是相同的。这样,基于 Proj 度量,可以设计出更多性能优良的匹配算法。依据匹配数据特征空间的不同,作者定义了以下三种基于 Proj 度量的景像匹配算法。

定义 4.2 灰度 Proj 景像匹配算法(Proj)

直接基于图像灰度值,采用 Proj 度量的景像匹配算法,即前面给出的基本算法去掉第二步。其数学表达式如式(4.20)所示。

定义 4.3 去均值 Proj 景像匹配算法(MProj)

匹配前需对图像去均值处理,然后再采用 Proj 度量的景像匹配算法,即基本算法第二步改为实时图的去均值化;同时,循环体中计算 Proj 度量值之前,对基准子图也要去均值化。其数学表达式如下,即

$$R_{\text{MProj}}(u,v) = \frac{\sum_{i=0}^{n-1}\sum_{j=0}^{n-1}(X_{u+i,v+j}-\overline{X}_{u,v})(Y_{i,j}-\overline{Y})}{\left(\sum_{i=0}^{n-1}\sum_{j=0}^{n-1}(X_{u+i,v+j}-\overline{X}_{u,v})^2\right)^{\frac{1}{2}}} \tag{4.21}$$

其中,$\overline{X}_{u,v}$ 表示基准子图去均值;$\overline{Y}$ 为实时图去均值,类似于式(4.11)。

定义 4.4 边缘 Proj 景像匹配算法(EProj)

基于图像的边缘特征,且采用 Proj 度量的景像匹配算法,即基本算法第二步改为实时图与基准图的边缘检测。同第 3 章研究的边缘景像匹配算法,这里也可采用二值边缘和边缘强度。在下视景像匹配制导中,一般采用图像的边缘强度特征进行匹配运算。

4.3.3　实验与结论

为了验证本章研究度量方法的有效性和实用性,并对以上设计的 3 种匹配算法进行性能评估,以多组 PIONEER 卫片及实飞航片图像对进行匹配实验。表 4.1 给出了投影相似性度量与归一化积相关度量在相同条件下的匹配结果。实验基准图大小为 256×256,实时图大小为 64×64,边缘检测算子采用 LOG 算子,匹配时间为在 P4 1.6G,内存为 512M 的 PC 机上实验结果,单位为 ms。

表 4.1　Proj 景像匹配算法匹配结果

匹配性能	基于 NProd			基于 Proj		
	NProd	MProd	EProd	Proj	MProj	EProj
匹配概率	77.7	87.1	98.6	77.7	87.1	98.6
匹配误差	0.0486	0.0372	0.0847	0.0486	0.0372	0.0847
匹配裕度	1/0.967	1/0.958	1/0.853	1/0.967	1/0.958	1/0.853
匹配时间	2047	4656	1765	1982	3125	1250

可以看出,Proj 方法继承了 NProd 度量方法优良的匹配性能,具有很好的可靠性、鲁棒性及匹配精度。虽然表中的匹配时间是一种保守的实验结果,但也反映了 Proj 度量方法在一定程度上减小了匹配运算量,这一点从算法原理上也可分析得知。这样,针对景像匹配制导定位系统设计的所有基于 NProd 相似性度量的算

法,均可改进为对应的基于 Proj 度量的算法。Proj 度量方法在景像匹配制导系统中具有重要的应用意义。

　　虽然与经典的 AD、MSD、NProd 等度量方法相比,Proj 方法体现了更优良的性能,但 Proj 度量方法也有其局限性。该方法不能在单次匹配情况下对两图的相似性进行度量,只能通过多次匹配比较,才能确定哪一组图最相似。这一特性也影响了 Proj 度量方法的应用范围。在类似目标识别与分类的应用领域,由于每次匹配都需要输出决策结果"是"或"不是",Proj 度量方法并不适用。

第5章 异源序列景像匹配定位结果融合

依据匹配系统的特点及要求,研究改善匹配算法性能的控制策略(control strategy,CS)是目前景像匹配算法研究的热点内容之一。采用序列景像匹配方法,对于进一步提高匹配的可靠性、精确性与鲁棒性具有重要意义。本章将研究序列景像匹配定位的基本原理,给出常见的几种序列匹配模式,分析其实际应用意义及特点。为了有效剔除景像匹配制导系统的误匹配点,并消除匹配系统的随机匹配误差,提出一种基于 WMF 与 LSE 的序列景像匹配结果滤波融合算法,分析验证该方法在提高匹配系统容错能力和改善匹配精度中的有效性。同时,基于数理统计理论,研究序列景像匹配算法的概率估计问题。

5.1 引　　言

假如飞行器在进入目标区后要进行 7 次匹配(7 个匹配修正点),单次匹配概率为 90%,若每次匹配相互独立且不考虑结果融合,则经过 7 次匹配后的概率为 0.9^7,即 0.478。也就是说,在不考虑其他系统的可靠性的前提下,每执行两次飞行任务,就可能有一次不能精确导航并准确命中目标,这显然不能满足实际匹配系统使用要求。要突破匹配概率的瓶颈问题,就需要研究更为可靠的匹配方法或策略。在传统匹配算法的基础上,采用一定的控制策略是改善算法匹配性能的重要技术途径[77-80]。依据控制策略在匹配算法中的作用和实现方式的不同,控制策略可分为搜索策略(searching strategy,SS)、匹配策略(matching strategy,MS)、融合策略(fusion strategy,FS)。Barnea 等[1] 的序贯相似性检测算法(sequential similarity detection algorithm,SSDA),Yang 与 Cao 等[79] 给出的金字塔分层匹配算法、基于 GA 的景像匹配算法等均采用了 SS。常见的"先粗后精"匹配策略[80]、华中科技大学图像所提出的基准图多子区匹配算法[39,105] 等,可以认为是采用了 MS。这些研究有一个共性的特点,就是没有超越"单次匹配"这一传统观念。

同时,参照数据融合(data fusion)的观点[151],景像匹配方法也可以分为三个层次,即像素级、特征级和决策级。以往关于景像匹配算法的研究多是集中在像素级与特征级,有关决策级匹配的文献并不多见。决策级匹配可以认为是匹配的最高水平。序列景像匹配方法正是以提高匹配精度、增强匹配系统的鲁棒性和容错性为目的,在传统匹配算法的基础上增加信息的决策融合,可以消除由各种因素引起的匹配的不确定性,改善系统的整体匹配性能[152-155]。结合特定的应用背景,对控制策略的研究需要持续推进,本章针对飞行器景像匹配导航典型应用模式,深入研究序列景像匹配的后处理问题,即匹配结果的滤波融合问题。首先,论述序列景像匹配的基本原理及常见的任务模式;然后,针对实际应用,设计基于加窗中值滤波(WMF)与最小二乘估计(LSE)的滤波融合算法,并进行了改进分析;最后,基于数理统计理论,对序列景像匹配概率进行了估计。

5.2　序列景像匹配问题描述

本节在序列图像分析的基础上,论述序列景像匹配中的基本概念、匹配的主要模式及序列景像匹配定位的问题描述。

5.2.1　基本概念

序列图像(sequence image)又称动态图像(dynamic image),是指一组按时间顺序排列的、在空间或特征上有一定内在联系的瞬时图像集合[125]。记为$\{f_n(x),\ n=1,2,\cdots\}$,瞬时图像是指$n$时刻成像系统获取的图像。正是从时域和空域变化的序列图像中,我们可以检测得到物体的运动和结构信息。序列(动态)图像分析的基本任务是从图像序列中检测出运动信息,识别与跟踪运动目标或估计三维运动与结构参数。广义来讲,按照研究问题本质的不同,序列图像主要有以下形式。

① 时间序列图像(time sequence image,TSI)。这是研究最多、应用最广的一类序列图像,主要用于运动估计、精确定位、目标识别。

② 空间序列图像(space sequence image,SSI)。由某一瞬时图像生成的在空间位置上一定联系的序列图像。应用的重点是放在图像的空间坐标关系的几何变换上,主要用于图像配准、拼接、镶嵌等领域,如遥感图像分析与校正[121]、医学图像配准等。

③ 特征序列图像(feature sequence image,FSI)。由众多目标的图像特征组成图像特征序列知识库,主要应用于图像目标识别与分类、图像检索等领域,如文字识别、人脸识别、车牌照识别、指纹验证等。

如果将时间序列图像进一步发展,可以深入研究时空序列图像(time-space sequence image)的分析与应用问题[125]。在图像序列分析中,综合考虑各瞬时图像之间在时间与空间上的关系,形成时空图像序列或xt空间。这样,序列图像可以看成是一个图像体,像素(pixel)被扩展成体素(voxel),表示小体积$(\Delta x,\Delta y,\Delta t)$单元的灰度。在序列图像的运动分析中,采用时空序列图像,可得到更稳健、更精确的运动解,这对科学应用是至关重要的。

针对飞行器景像匹配制导应用,为了规范问题的描述,首先给出如下定义。

定义 5.1 序列景像匹配

有序列图像参与的匹配即称为序列景像匹配(sequence scene matching,

SSM)。若参与匹配的图像序列为 TSI,则又称动态景像匹配(dynamic scene matching,DSM)。常见的序列景像匹配模式如图 5.1 所示。

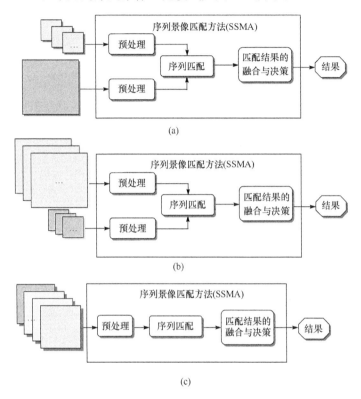

图 5.1　序列景像匹配模式

　　图中深色表示基准图、浅色表示实时图。图 5.1(a)是一种大基准图,小实时图序列的匹配模式,匹配目的是在基准图中确定实时图位置,本书研究的下视序列景像匹配制导方法就是这种模式。图 5.1(b)是小基准图序列(目标图像序列)与大实时图序列进行匹配的模式,目的是在实时图中确定基准图的位置,本书研究的前视景像匹配 ATR 算法就是这种类型。图 5.1(c)是序列间完成景像匹配的模式,前一时刻图像作为后一时刻图像的基准图,这种序列图像便是一种典型的时空序列图像,即在时间上有联系、在空间上图像内容也有重叠。这种模式在图像序列测速,运动目标检测、状态估计及前视景像匹配制导目标跟踪中具有广泛的应用。一个完整的序列景像匹配方法框架如图 5.2 所示。

　　可以看出,序列景像匹配可按匹配过程分布式完成。实际上,由于硬件的限制,这一点很难实现。对于景像匹配制导系统,序列景像匹配便可认为是在多个单次匹配的基础上增加了结果的融合处理,即传统意义上的多次匹配的后处理。匹配结果的融合处理是序列景像匹配方法的重要特征。

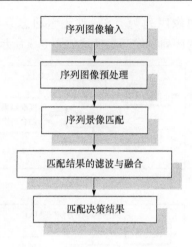

图 5.2　序列景像匹配方法框架

5.2.2　问题描述

对于飞行器序列景像匹配制导定位模式,即图 5.1(a)所示匹配模式,匹配结果的融合问题可描述如下。

对于基准图 X 及实时图序列 $\{Y_n, n=1,2,\cdots\}$,经过 n 次匹配后,可以得到一组匹配位置序列 $\{(x_1,y_1),(x_2,y_2),\cdots,(x_n,y_n)\}$,融合问题的实质就是如何从这 n 组匹配位置,滤除误匹配点,减小随机匹配误差干扰,得出飞行器的最优滤波值 $(x_{n/n},y_{n/n})$ 或最优预测值 $(x_{n+1/n},y_{n+1/n})$。

在匹配区上空,可认为飞行器是作匀速直线飞行,融合问题体现在如下两方面。

(1) 误匹配点的滤除

在 n 次匹配中,由于基准图与实时图差异性及其他各种因素的影响,不可避免会产生一些误匹配点,消除这些误匹配点是序列匹配结果融合的首要问题。不妨设飞行器横向飞过匹配区,图 5.3 与图 5.4 分别给出了理想条件及仅存在误匹配点条件下匹配位置的轨迹示意图。

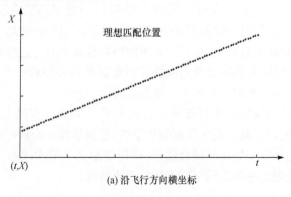

(a) 沿飞行方向横坐标

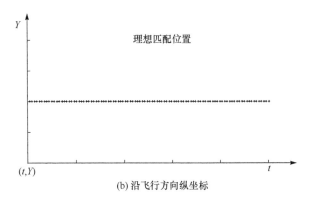

(b) 沿飞行方向纵坐标

图 5.3　理想飞行条件下的序列匹配轨迹示意图

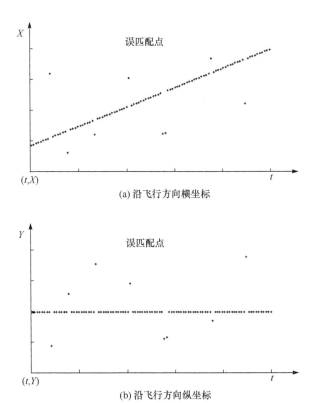

(a) 沿飞行方向横坐标

(b) 沿飞行方向纵坐标

图 5.4　仅存在误匹配点情况下的匹配轨迹示意图

图中的孤立点(野值)即为误匹配点。

(2) 随机匹配误差的消除

由于传感器图像的量化误差、飞行器的飞行震颤、匹配误差等因素的影响,即使在正确匹配情况下,实际中的匹配位置也并不严格是一条直线,可以认为匹配结果是带有一定随机干扰的位置序列。其匹配位置的轨迹示意图如图 5.5 所示。

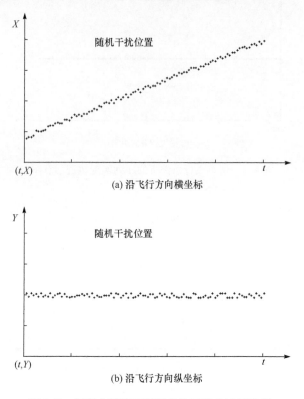

图 5.5　仅存在随机匹配误差的匹配轨迹示意图

实际上,飞行器匹配位置是误匹配点与随机干扰的综合,图 5.6 给出了相应的曲线示意图。

直观而言,序列景像匹配结果的融合问题就是如何滤除图中的误匹配点,并减小随机干扰对匹配精度的影响,得到可用于辅助 INS 精确制导的最优匹配位置信息。

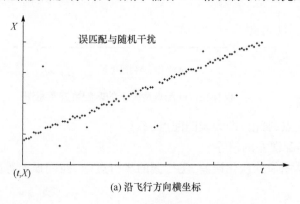

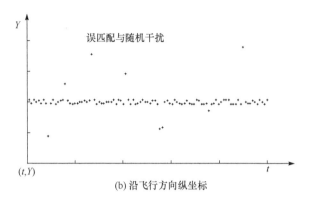

(b) 沿飞行方向纵坐标

图 5.6　误匹配与随机误差同时存在时的匹配轨迹示意图

5.3　基于 WMF 与 LSE 的滤波融合算法

针对景像匹配制导匹配区的多次匹配问题,文献[186],[187] 采用曲线拟合及 INS 信息辅助的方式给出了多种误匹配点的剔除方法,这些方法较为复杂,且需要与 INS 协同工作,在一定程度上增加了运算量以及系统的额外工作量。文献[188]引入序列景像匹配的概念,但并未给出实用的滤波融合算法。综合分析可知,目前已知的研究存在两个共性问题。

① 误匹配点剔除后并没有得到当前匹配位置的估计值,不利于算法的实时在线运行。

② 仅考虑误匹配点的剔除问题,没有消除序列景像匹配中的随机匹配误差,因此系统的匹配精度在一定程度上还受到随机干扰的影响。

本书从信号滤波与参数估计的角度对以上问题进行了探讨研究,提出一种实用的序列景像匹配结果融合算法,即基于 WMF 及 LSE 的滤波融合算法[189]。通过理论分析及仿真实验,说明该算法的有效性。一方面可以有效剔除误匹配点,增强匹配系统的容错性;另一方面可减小随机干扰匹配误差,得到匹配位置的最优估计值,从而提高匹配精度。

5.3.1　算法设计

本算法的基本思路是,将匹配位置序列分解为横向 $\langle x_1, x_2, \cdots, x_n \rangle$ 序列与纵向 $\langle y_1, y_2, \cdots, y_n \rangle$ 序列,首先采用 WMF 算法对匹配位置纵向序列滤波;基于滤波结果,采用 LSE 方法得到匹配位置纵向序列的最优估计值 $y_{n/n}$;当纵向序列中 $|y_j - y_{n/n}|$ 值超过给定的阈值 T_M 时,相应的匹配点 (x_j, y_j) 为误匹配点,剔除其对应的横向 x_j;采用 LSE 方法,用已剔除部分误匹配点的横向序列拟合直线 $x = K_0 +$

$K_x i$,匹配位置横向序列中坐标距离$|x_i - K_0 - K_x i|$值超过给定阈值 T_M 时,相应的匹配点为误匹配点,进一步剔除其对应的横向 x_i;重新计算剩余的横向位置序列的 LSE 拟合直线,直至剩余的所有 x_i 值满足阈值要求;利用最终得到的拟合曲线便可求出横向匹配位置的最优估计值 $x_{n/n}$。下面对算法的实现过程进行论述。

由图 5.3~图 5.6 可知,飞行器沿飞行方向纵坐标理想条件下是一常值,设为 K_y,实际上所有的匹配纵坐标值 y_i 表现为具有个别野值并在其两侧波动的情况。参考 2.2 节,加窗中值滤波器模板设计如图 5.7 所示。

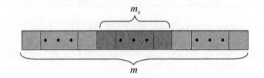

图 5.7　一维加窗中值滤波模板示意图

在图 5.7 中,模板即滤波器的尺寸为 m,窗口尺寸为 m_s,对匹配位置纵坐标序列 $\{y_1, y_2, \cdots, y_n\}$ 进行滤波,得到的滤波值为

$$\tilde{y}_i = \mathrm{WMed}_{m_s}\{y_{i-v}, \cdots, y_i, \cdots, y_{i+v}\}, \quad i \in ((m+1)/2, n-(m-1)/2), \quad v = \frac{m-1}{2} \tag{5.1}$$

其中,WMed_{m_s} 表示取窗体为 m_s 的加窗中值滤波值;i 的取值与滤波器的尺寸有关,即匹配位置开始的 $(m-1)/2$ 个坐标点与末尾的 $(m-1)/2$ 个坐标点没有滤波值,这些点采用 LSE[156] 以得到其平滑值或估计值。

采用以上滤波器的充分条件是 $n \geqslant m$,且 m 次连续匹配中,误匹配点的数目不超过 $(m-m_s)/2$。第一部分 $n \geqslant m$,即序列长度大于等于滤波器尺寸,对于序列匹配一般都会满足;第二部分对匹配算法提出了一定要求,但从概率意义上讲,这是高概率事件,景像匹配系统也容易满足。本章第 5 节将讨论序列景像匹配方法的匹配概率估计问题,以便对这一条件的理解。

经过加窗中值滤波,可得到 $n-m+1$ 滤波值,K_y 的最优估计值 $y_{n/n}$ 可以按 LSE 准则由下式求出,即

$$y_{n/n} = \frac{1}{n-m+1} \sum_{i=(m+1)/2}^{n-(m-1)/2} y_i \tag{5.2}$$

依据匹配系统允许的匹配误差值,给出阈值 T_M(参考飞行器的飞行稳定性及匹配算法的匹配误差,一般取 2~5 个像素),当纵向序列中 $|y_i - y_{n/n}|$ 值超过给定阈值 T_M 时,相应的匹配点为误匹配点,剔除其对应的横向 x_i。

用已剔除部分误匹配点的横向序列拟合直线 $x_i = K_0 + K_x i$,依据 LSE 方法,K_0 和 K_x 的估计值如下,即

$$K_x = \frac{n_1 \sum i x_i - \sum x_i \sum i}{n_1 \sum i^2 - (\sum i)^2} \tag{5.3a}$$

$$K_0 = \frac{\sum (x_i - K_x i)}{n_1} \tag{5.3b}$$

其中,n_1 为新序列的数目,所有的运算均是在新序列中执行,依据得到的拟合曲线,计算匹配位置横向序列中各点的坐标距离 D_{x_i},即

$$D_{x_i} = |x_i - K_0 - K_x i| \tag{5.4}$$

当 D_{x_i} 超过给定阈值 T_M 时,相应的匹配点为误匹配点,进一步剔除其对应的横向 x_i;重新计算剩余的横向位置序列的 LSE 拟合直线,直至剩余的所有 x_i 值满足阈值要求;利于最终得到的拟合曲线便可求出匹配位置横向的最优估计值 $x_{n/n}$,即

$$x_{n/n} = K_{0\text{-final}} + K_{x\text{-final}} n \tag{5.5}$$

利用上式,同样可得到所有匹配点横坐标的平滑值或估计值。归纳起来,本算法的结构如图 5.8 所示。

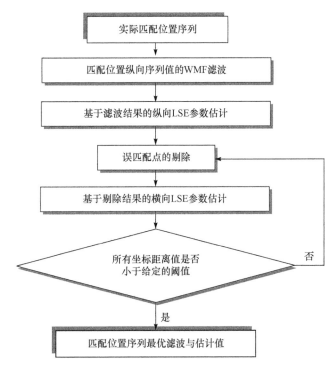

图 5.8 基于 WMF 与 LSE 的滤波融合算法结构框图

可以看出,算法的基本运算原则是先纵向、后横向;先滤波、后估计。

5.3.2　仿真实验与实例分析

　　以图 5.3～图 5.6 给出的仿真数据为例,用本书算法进行滤波融合实验。已知图 5.3 中的理想匹配位置横向数据序列为曲线 $x(t)=20.8+0.8t$,纵向为 $y(t)=50$,即 $K_y=50$;图 5.6 为任意设置了 8 个误匹配点及均值为 0,方差为 3 的随机干扰后的位置序列。取加窗中值滤波器尺寸 $m=7$,窗体大小 $n=3$,阈值 $T_M=4$。仿真实验结果如图 5.9 和图 5.10 所示。

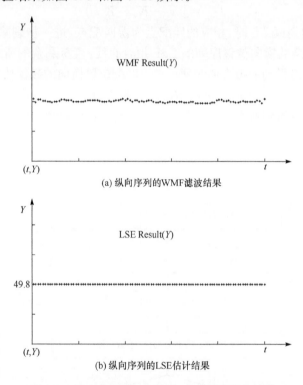

(a) 纵向序列的WMF滤波结果

(b) 纵向序列的LSE估计结果

图 5.9　纵向序列的 WMF 及 LSE 滤波融合结果

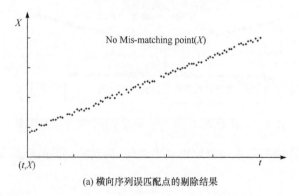

(a) 横向序列误匹配点的剔除结果

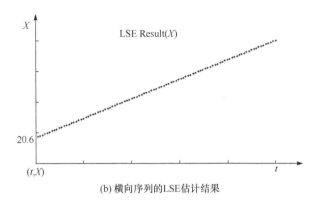

(b) 横向序列的LSE估计结果

图 5.10　横向误匹配点的剔除及 LSE 滤波融合结果

在图中,坐标序列数据的 LSE 结果分别为 $x(t/t) = 20.6 + 0.804t$,$y(t/t) = 49.8$,可以看出,采用本书算法可以有效地消除误匹配点及随机匹配误差对匹配精度的影响,达到较高的滤波估计精度。

进一步,以实飞图像对应的多个匹配区景像图进行序列匹配实验,采用本书算法对匹配结果序列坐标进行滤波融合,可以取得很好的处理效果。图 5.11(a)给出了其中的一个匹配区基准图(可见光基准图,大小为 256×256)。图 5.11(c)为实时图序列(IR 图像,大小 64×64)。表 5.1 为该基准图采用 LOG-Proj 算法(4.3节定义)的匹配位置计算结果。

(a) 匹配区基准图

(b) 匹配位置示意图

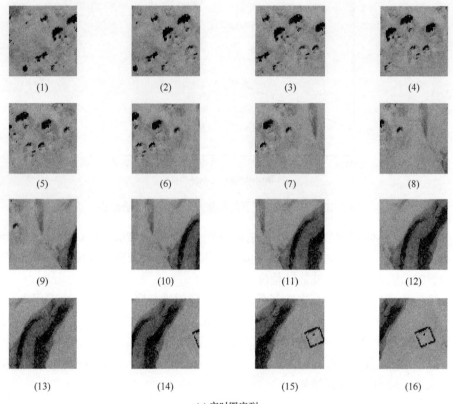

(c) 实时图序列

图 5.11　序列匹配实验用图

表 5.1　实验结果

序号/N	匹配点序列	纵向 WMF 滤波结果	纵向 LSE 估计结果	误匹配点剔除结果	横向 LSE 估计结果
1	(5,96)	(5,96)	(5,95.81)	(5,95.81)	(5,95.81)
2	(17,96)	(17,96)	(17,95.81)	(17,95.81)	(17,95.81)
3	(29,95)	(29,95)	(29,95.81)	(29,95.81)	(29,95.81)
4	(41,95)	(41,95)	(41,95.81)	(41,95.81)	(41,95.81)
5	(53,95)	(53,95)	(53,95.81)	(53,95.81)	(53,95.81)
6	(84,57)	(84,95)	(84,95.81)	/	(65,95.81)
7	(77,95)	(77,95.33)	(77,95.81)	(77,95.81)	(77,95.81)
8	(89,96)	(89,96.67)	(89,95.81)	(89,95.81)	(89,95.81)
9	(101,96)	(101,96)	(101,95.81)	(101,95.81)	(101,95.81)

续表

序号/N	匹配点序列	纵向 WMF 滤波结果	纵向 LSE 估计结果	误匹配点剔除结果	横向 LSE 估计结果
10	(113,96)	(113,97.33)	(113,95.81)	(113,95.81)	(113,95.81)
11	(126,100)	(126,97.33)	(126,95.81)	(126,95.81)	(125,95.81)
12	(111,182)	(111,97.33)	(111,95.81)	/	(137,95.81)
13	(124,181)	(124,97)	(124,95.81)	/	(149,95.81)
14	(161,95)	(161,95)	(161,95.81)	(161,95.81)	(161,95.81)
15	(173,95)	(173,95)	(173,95.81)	(173,95.81)	(173,95.81)
16	(185,95)	(185,95)	(185,95.81)	(185,95.81)	(185,95.81)
预测值					(197,95.81)

　　表 5.1 中匹配点序列 $N_1 \sim N_{16}$ 是图 5.11(c)实时图序列在图 5.11(a)基准图中对应的匹配位置,即图 5.11(b)中"十"字所示位置。由于各种干扰因素影响,位置序列中存在误匹配点及一定随机干扰。由表中数据可知,匹配位置纵向最优估计为 $y(n/n)=95.81$,横向 LSE 最优拟合直线为 $x(n/n)=5+12n$,一方面可以有效地剔除误匹配点 N_6、N_{12}、N_{13},减小随机匹配误差的影响,另一方面还可得到各匹配点的最优估计值,以及最优预测值(197,95.81),提高匹配系统偏差修正的实时性。从算法的实时性角度讲,本书算法的数据处理量远小于景像匹配中数据量,其实时性相对于匹配算法而言可忽略不计,况且本书算法的匹配位置预测功能可补偿因匹配算法实时性较差产生的运算滞后,对于改善匹配系统的实时修正能力具有重要意义。

　　对于实际的景像匹配定位系统,由于传感器性能及弹上计算机处理能力的限制,一个匹配区的匹配次数是非常有限的,可以直接取加窗中值滤波器尺寸为总匹配次数值,即 $m=n$,窗体宽度为 $3 \sim 5$,纵向匹配位置经加窗中值滤波后得到一个滤波值,这个滤波值直接作为纵向 LSE 的最优参数估计值 $y_{n/n}$。对于横向匹配位置的滤波估计,可近似认为纵向坐标误匹配或横向坐标误匹配,与误匹配均是充要条件(理论上只是充分条件,因为误匹配也有可能只有横向误差,没有纵向误差;或者只有纵向误差,没有横向误差,但这种情况实际中出现的概率非常低,且并不影响算法的运行)。这样经过纵向滤波剔除误匹配点后,所有横向坐标距离值 D_{x_i} 均小于给定的阈值 T_M,即第一个横向 LSE 的参数估计值便可认为是横向坐标参数的最优估计值(图 5.8 中的条件判断首次就成立),进而得到横向匹配位置的最优估计值 $x_{n/n}$。

5.4　滤波融合算法改进

上面给出了在匹配区内沿规划方向平飞状态下的融合方法,但是并未深入探讨更为一般的匀速飞行问题。不妨设飞行器以恒定速度飞过匹配区,图 5.12 给出了理想条件与实际飞行条件下 x 方向匹配位置(y 方向相似)的轨迹示意图。

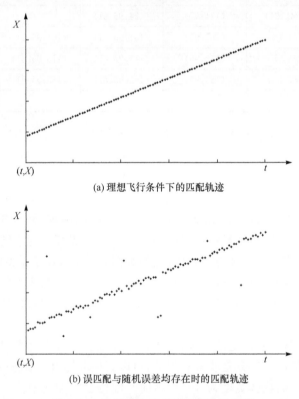

(a) 理想飞行条件下的匹配轨迹

(b) 误匹配与随机误差均存在时的匹配轨迹

图 5.12　飞行器的动态匹配轨迹示意图

图 5.12(b)中的孤立点(野值)即为误匹配点。同上节,融合问题的实质就是如何从这 n 组匹配位置滤除误匹配点,并减小随机干扰对匹配精度的影响,得出可用于辅助 INS 精确导航的匹配位置最优滤波值($x_{n/n}$, $y_{n/n}$)或最优预测值($x_{n+1/n}$, $y_{n+1/n}$)。本节针对性地改进提出一种实用的动态(序列)景像匹配差分滤波估计算法,仿真实验验证了该算法的有效性。

5.4.1　差分滤波估计算法设计

本算法的基本思路是先对动态匹配的结果序列点进行差分运算,然后利用中值滤波(MF)进行数据剔除处理,之后再利用最小二乘法(LSE)进行最优估计,最终得到匹配位置的最优估计值$(x_{n/n}, y_{n/n})$[157]。

1. 匹配位置差分

将动态匹配位置序列分解为横向$\{x_1, x_2, \cdots, x_n\}$序列与纵向$\{y_1, y_2, \cdots, y_n\}$序列,按下式进行序列的差分计算,即

$$\Delta x_i = x_{i+1} - x_i, \quad i \in n-1 \tag{5.6a}$$

$$\Delta y_i = y_{i+1} - y_i, \quad i \in n-1 \tag{5.6b}$$

由此可得$\{\Delta x_1, \Delta x_2, \cdots, \Delta x_{n-1}\}$、$\{\Delta y_1, \Delta y_2, \cdots, \Delta y_{n-1}\}$。由于飞行器在匹配区上空是匀速飞行,因此理想情况下,两组数据中的Δx_i和Δy_i为常数,而实际情况中的误匹配及各类随机误差表现为在常值周围的微小波动及个别孤立点。

2. 中值滤波处理

要对具有图5.12分布特性的数据进行处理,特别是检测出其中的奇异点,这里采用中值滤波算法。详细原理见2.2节。

取滤波器大小为$n-1$,利用中值滤波器对匹配位置差分数据序列进行滤波处理,分别得到滤波值Δx_{MF}与Δy_{MF},当横向序列与纵向序列分别满足下式,即

$$|\Delta x_i - \Delta x_{MF}| \leqslant T_M \tag{5.7a}$$

$$|\Delta y_i - \Delta y_{MF}| \leqslant T_M \tag{5.7b}$$

可以认为,Δx_i和Δy_i为正确差分值,与之相关的x_i与x_{i+1}、y_i与y_{i+1}为正确匹配点,两者取交集,得到最终的正确匹配点,其余则为误匹配点,给予剔除。阈值T_M是考虑随机干扰影响,依据匹配系统允许的匹配误差值而选择的,参考飞行器的飞行稳定性及匹配算法的匹配误差,T_M取3~5个像素就可以达到很好的效果。

3. 最小二乘估计

依据飞行器的运动轨迹,用已剔除部分误匹配点的横向序列与纵向序列分别拟合横向运动直线及纵向运动直线,即

$$x = K_{x0} + K_x i \tag{5.8a}$$

$$y = K_{y0} + K_y i \tag{5.8b}$$

依据LSE方法[75],计算K_{x0}、K_x、K_{y0}和K_y的估计值,即

$$K_x = \frac{n_1 \sum i x_i - \sum x_i \sum i}{n_1 \sum i^2 - \left(\sum i\right)^2} \tag{5.9a}$$

$$K_{x0} = \frac{\sum (x_i - K_x i)}{n_1} \qquad (5.9\mathrm{b})$$

$$K_y = \frac{n_1 \sum i y_i - \sum y_i \sum i}{n_1 \sum i^2 - \left(\sum i\right)^2} \qquad (5.9\mathrm{c})$$

$$K_{y0} = \frac{\sum (y_i - K_y i)}{n_1} \qquad (5.9\mathrm{d})$$

其中，n_1 为新序列的数目，所有的运算均是在新序列中执行。

依据式(5.8)和式(5.9)便可得到拟合曲线，进而求出匹配位置最优估计值 $(x_{n/n}, y_{n/n})$。

归纳起来，基于传统景像匹配算法经过多帧匹配，可得到匹配位置序列，完整的差分滤波估计算法的结构流程如图 5.13 所示。

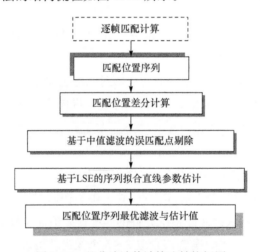

图 5.13　差分滤波估计算法结构框图

在图 5.13 中，中值滤波的窗口大小可以与差分结果序列长度相同，也可以采用固定大小的加窗中值滤波方式[30]，对于固定常值的滤波，两者效果差别不大，不影响后续算法处理过程。

5.4.2　仿真实验分析

用实飞图像对应的多个匹配区景像图进行序列匹配实验，采用本书算法对匹配结果坐标进行差分滤波融合，可以得到较好的效果。同 5.3 节实验过程，以某一地区为例进行分析，图 5.14 给出了实验用图，图 5.14(a)为匹配区基准图(可见光基准图，大小 256×256)，图 5.14(c)为实时图序列(IR 图像，大小 64×64)。

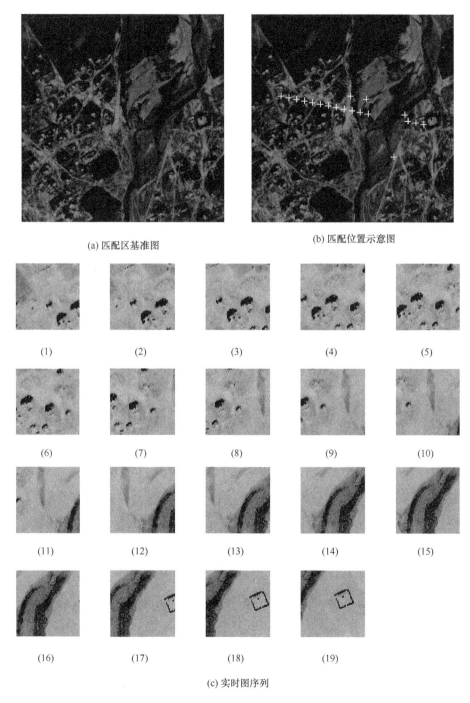

(a) 匹配区基准图　　　　　　　　(b) 匹配位置示意图

(1)　　　　(2)　　　　(3)　　　　(4)　　　　(5)

(6)　　　　(7)　　　　(8)　　　　(9)　　　　(10)

(11)　　　　(12)　　　　(13)　　　　(14)　　　　(15)

(16)　　　　(17)　　　　(18)　　　　(19)

(c) 实时图序列

图 5.14　动态匹配实验用图

采用 LOG-Proj 算法进行动态匹配定位(4.3 节所定义的算法),结合前面设计的差分滤波融合算法,表 5.2 给出了以上述基准图为例的实验结果。

表 5.2　实验结果

序号/N	LOG-Proj 匹配结果	差分计算结果	中值滤波剔除结果	LSE 估计结果
1	(5,68)	10,2	(5,68)	(5,68.26)
2	(15,70)	10,2	(15,70)	(15,70.21)
3	(25,72)	10,2	(25,72)	(25,72.25)
4	(35,74)	10,2	(35,74)	(35,74.09)
5	(45,76)	10,2	(45,76)	(45,76.03)
6	(55,78)	10,2	(55,78)	(55,77.97)
7	(65,80)	10,2	(65,80)	(65,79.91)
8	(75,82)	10,2	(75,82)	(75,81.55)
9	(85,84)	10,2	(85,84)	(85,83.49)
10	(95,86)	10,2	(95,86)	(95,85.73)
11	(105,88)	10,2	(105,88)	(105,87.67)
12	(115,90)	46,1	(115,90)	(115,89.61)
13	(161,91)	−68,−23	/	(125,91.55)
14	(93,68)	54,−25	/	(135,93.49)
15	(147,43)	−35,29	/	(145,95.43)
16	(113,72)	52,27	/	(155,97.37)
17	(165,99)	10,2	(165,99)	(165,99.31)
18	(175,101)	10,2	(175,101)	(175,101.25)
19	(185,103)		(185,103)	(185,103.19)
预测值				(195,105.13)

表中匹配点序列 $N_1 \sim N_{19}$ 是图 5.14(c)实时图序列在图 5.14(a)基准图中对应的匹配位置,即图 5.14(b)中"十"字所示位置。依据差分滤波融合算法计算可得,$K_{x0}=-5$、$K_x=10$、$K_{y0}=66.31$ 和 $K_y=1.94$,匹配位置横向 LSE 拟合直线为 $x(n/n)=-5+10n$,纵向 LSE 拟合直线为 $y(n/n)=66.31+1.94n$。可以看出,利用本书算法可以有效地剔除误匹配点 N_{13}、N_{14}、N_{15} 和 N_{16},并得到各匹配点的最优估计值及最优预测值,提高匹配系统偏差修正的实时性。从算法的实时性角度讲,融合算法数据计算量远小于景像匹配计算量,其实时性相对于匹配算法而言可

忽略不计。并且,本书算法的匹配位置预测功能可补偿因匹配算法实时性较差产生的运算滞后,对于改善匹配系统的实时修正能力具有重要意义。

　　总之,采用本书给出的差分滤波估计算法,一方面可以有效剔除误匹配点,增强匹配系统的容错性;另一方面可以减小随机干扰匹配误差,得到匹配位置的最优估计值,从而提高匹配精度。在实验过程中,我们对基于其他边缘检测算子的匹配算法也进行了动态匹配分析,虽然其匹配概率较低,但通过融合算法也可有效地实现结果的优化处理,得到正确的滤波估计结果。此外,在实际使用时,可以取一定宽度的滤波估计窗体,采用递推方法进行实时融合处理,这需要结合具体工程应用环境进行具体设计分析。

5.5　序列景像匹配方法的匹配概率估计

　　匹配概率是评价匹配算法性能的重要指标,是景像匹配应用系统选择算法的决策依据。因此,如何对景像匹配算法匹配概率进行有效的预测估计也是算法研究的重要课题。匹配概率的估计方法可分为两类:一类是基于匹配仿真统计实验的方法,本书第 7 章将给出详细论述;另一类是通过仿真实验建立匹配概率与匹配过程中产生的图像特征值之间的统计关系模型[100,101],进而利用图像的特征值,如信噪比、独立像元数、重复模式、相关峰特征等对匹配概率进行预测。序列景像匹配算法的匹配概率与经典匹配算法的匹配概率有着密切的联系,本书以数理统计中参数估计理论为依据,可以得出匹配算法匹配概率的计算公式,并进行估计精度分析。在此基础上,推导出了序列景像匹配算法的匹配概率,通过实例分析说明该方法的实用意义[158]。

5.5.1　经典算法匹配概率估计

　　计算序列景像匹配算法的匹配概率,必须首先估计出匹配系统单幅匹配的成功概率,即估计出经典匹配算法在完成一次匹配时的成功概率,进行常规意义下经典匹配算法的性能评估。依据大量的实验样本数据,如何科学地计算出事件(即总体分布)中的未知参数,就是概率统计中的参数估计问题。这里要估计的就是匹配算法的匹配概率,即事件 X 的概率 p。

1. 统计数学模型建立

　　对匹配算法进行性能评估一般通过大量的匹配仿真实验完成,可以近似认为各次匹配实验的结果是随机的且互不影响,即匹配仿真实验是重复独立实验,又称贝努里实验(Bernoulli experiment)。设匹配算法的匹配概率为 p,则每次匹配仿真实验的结果事件 X 只可有两种可能结果,即正确匹配和误匹配,为了方便分析,

不妨将其记为 0 与 1,也就是建立随机变量 X 的示性函数,即

$$X=\begin{cases}1, & \text{正确匹配} \\ 0, & \text{匹配}\end{cases} \tag{5.10}$$

则 X 的概率分布为

$$P\{X=k\}=p^k(1-p)^{1-k}, \quad k=0,1, \quad 0<p<1 \tag{5.11}$$

可以看出,对于单次匹配仿真实验,实验结果事件 X 服从两点分布。

2. 匹配概率的矩估计

矩估计法(moment estimates)是概率统计理论中求参数点估计的最基本方法之一,又称数字特征法。依据上面建立的总体事件数学模型,对于总体 X,有下式,即

$$E(X)=p=\mu \tag{5.12}$$

若设进行了 n 次匹配仿真实验,有 m 次为正确匹配,记该样本为$(X_1,X_2,\cdots,X_n)$,按矩估计法有

$$\hat{\mu}=A_1=\frac{1}{n}\sum_{i=1}^{n}X_i=\frac{m}{n} \tag{5.13}$$

即算法匹配概率的估计值为 $\hat{p}=m/n$,这正是目前研究人员依据匹配仿真实验计算匹配概率的经验概率公式,同时也说明事件 X 在 n 次实验中发生的频率可作为事件 X 的概率估计值。由贝努里大数定理可知,在 n 次贝努里实验中某事件出现的频率 m/n 依概率收敛于该事件出现的概率 p,当实验次数 n 充分大时,事件出现的频率与概率有较大偏差的可能性很小。同时,也容易证明 $\hat{p}$ 是 p 的无偏估计量,表明估计量 $\hat{p}$ 的均值等于待估参数 p,即 p 是 $\hat{p}$ 的可能值的集中位置或散布中心,从而保证在平均意义下估计值 $\hat{p}$ 接近于真值 p。这也是实际工程中,基于大量的匹配仿真实验,计算正确匹配出现的频率,代替算法匹配概率的理论依据。

3. 估计值精度分析

匹配概率 p 的点估计是用估计值 $\hat{p}$ 作为未知参数的近似值。对近似值应考虑其精度,未知参数 p 的近似值 $\hat{p}$ 的精度可以用 $|p-\hat{p}|<\varepsilon$ 或 $p\in(\hat{p}-\varepsilon,\hat{p}+\varepsilon)$ 表示,其中 ε 为一正常数。由于估计量 $\hat{p}$ 是随机变量,它的取值具有随机性,因此精度表示为 $p\in(\hat{p}-\varepsilon,\hat{p}+\varepsilon)$ 不是绝对成立,而是以一定的概率成立。利用区间估计理论可以定量表示点估计的精度和相应的概率。区间估计的一般思路就是在给定的较大的置信度 $1-\alpha$ 下,确定未知参数的 p 的置信区间$(\hat{p}-\varepsilon,\hat{p}+\varepsilon)$,并尽量使区间长度达到最小,即精度最高。

这里不加推导地给出置信度为 $1-\alpha$ 时,匹配概率 p 的置信区间为

$$\left[\overline{X}\pm t_{a/2}(n-1)\frac{S}{\sqrt{n}}\right] \tag{5.14}$$

其中,$\overline{X}$ 是样本$(X_1,X_2,\cdots,X_n)$的均值;S 是样本方差;$t_{a/2}(n-1)$是自由度为$n-1$的 t 分布的上侧$a/2$分位数,可以通过查表获得。

给定某两种算法在相同环境下的匹配仿真实验样本,即

$$X_a=\{1,1,1,1,1,1,1,1,1,0,1,1,0,1,1,1,1,1,1,1,1,0,0,1,0,1,1,1,1,1\}$$
$$X_b=\{1,1,0,1,1,1,1,1,1,1,1,1,1,1,1,1,1,1,1,1,1,1,0,1,1,$$
$$1,1,1,1,1,1,1,1,1,1,0,1,1,1,1,1,1,1,1,1\}$$

取置信度为$1-\alpha=0.95$,两种算法的计算结果如表 5.3 所示。

表 5.3 实验样本的区间估计结果

样本 X	总实验次数 n	正确匹配次数 m	均值 $\overline{X}$	样本方差 S	估计区间
X_a	30	25	0.8333	0.02394	0.8333 ± 0.0089
X_b	45	42	0.9333	0.00424	0.9333 ± 0.0013

可以看出,当实验样本容量较大时,用样本均值作为匹配概率的估计值具有很高的精度,而且我们可以以很高的概率确信这一点。同时,依据区间估计理论,α 值越小,随机区间$(\hat{p}-\varepsilon,\hat{p}+\varepsilon)$包含$\hat{p}$的概率越大,但区间宽度增大,置信的精度下降。对未知参数进行区间估计就是要在α的取值与估计精度上进行优化折中。

5.5.2 序列匹配概率估计

序列景像匹配算法概率估计问题就是在已知系统单次匹配概率的前提下,经过 n 次匹配后(即序列图像数目为 n),求满足系统匹配融合要求的成功匹配次数的匹配概率。

定义序列景像匹配算法的匹配成功率即序列匹配概率 p_{ser} 为

$$p_{\text{ser}}=P\{X\geqslant k\} \tag{5.15}$$

其中,X 是一次序列匹配,即 n 次单幅匹配中成功匹配事件出现的次数;k 为满足匹配融合要求的最小匹配成功数。

对于匹配概率为 p 的匹配算法,每完成一次独立的匹配过程,其成功匹配事件 X 出现的概率为 p,若进行 n 次重复独立匹配,出现 k 次成功匹配的事件服从二项分布,即 $X\sim B(n,p)$,依据二项概率公式可得其概率分布,即

$$p_{\text{bin}}=P\{X=k\}=C_n^k p^k(1-p)^{n-k},\quad k=0,1,2,\cdots,n \tag{5.16}$$

由式(5.15)与式(5.16)可得

$$p_{\text{ser}}=\sum_{i=k}^{i=n}C_n^i p^i(1-p)^{n-i} \tag{5.17}$$

当已知单次匹配的成功概率 p 时,依据总的序列匹配数目 n,结合匹配系统对正确匹配次数的要求,可计算出系统成功匹配的概率,即序列匹配概率 p_{ser}。显然,序列匹配概率与单幅匹配概率 p,匹配序列图像数目 n 及满足匹配融合要求的最小匹配成功数 k 有直接联系。图 5.15(a)和图 5.15(b)分别给出其关系示意图。

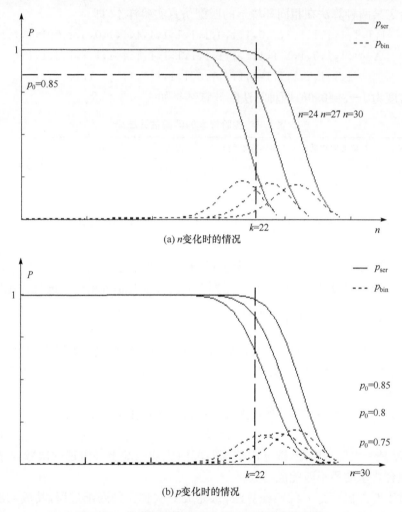

(a) n 变化时的情况

(b) p 变化时的情况

图 5.15　序列匹配概率分布及二项分布概率曲线

　　在图 5.15 中,实线为序列景像匹配概率分布曲线,虚线部分是式(5.16),即二项分布概率曲线,p_0 表示单幅匹配概率 p。可以看出,当 p 不变时,取相同的 k 值时,序列匹配概率 p_{ser} 随 n 的增大而增加;当 n 不变时,p_{ser} 随 p 的增大而增大。k 值越大,即越接近 n,p_{ser} 值越小;当 k 值较小时,p_{ser} 值很高,接近于“1”。依据这些关系,结合实际的系统工作背景,便可确定合适的 n 和 k。由式(5.16)和式(5.17)

可知,序列匹配概率相当于二项分布的累积结果。关于二项分布的性质,文献
[193]给出了较为详细的分析说明,这里不再赘述。

5.5.3 实例分析

对于巡航飞行器的景像匹配定位系统,若设机上预存的基准图大小为 $N \times N=$
512×512(像素),分辨率 r 为 5 米,飞行中捕获的实时图大小为 $M \times M = 64 \times 64$
(像素),分辨率与基准图相同(经过预处理),导弹在末制导阶段的飞行速度 v 为
300 米/秒,实时图的捕获频率 f 为 $0.8\mathrm{s}^{-1}$。可以计算出导弹在飞经匹配区(基准
图正上方)时捕获的实时图序列数目,近似为

$$n \leqslant \frac{N \times r}{v \times f} = \frac{512 \times 5}{300 \times 0.8} = 10.667$$

取 $n=10$,图 5.16 给出了 p_0 分别取 0.9、0.8、0.7 和 0.6(从右至左)时的概率曲线
图。表 5.4 给出了 k 分别取 4、6 和 8 时各种情况下系统的匹配概率估计值。

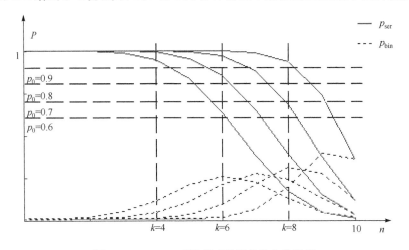

图 5.16 $n=10$ 时序列匹配概率分布曲线图

由此可知,采用序列匹配算法,选择合适的 k 值,系统的匹配概率明显提高。
虽然 k 值越小,理论上系统的匹配概率越高,但这并不一定符合实际系统的工作需
要。通常只有当 k 值即成功匹配次数达到一定的数量,才能确保系统正常工作,如
本章研究的采用 WMF 滤波的条件要求。当 k 较小时,增加了算法对单次匹配结
果的融合复杂度,使得误匹配点的剔除问题更加复杂化,从而使算法的实时性下
降。序列匹配结果融合算法的设计决定了 k 值的大小。

表 5.4　n＝10 时序列匹配算法概率估计值

p_{ser} ＼ p_0 ＼ k	$p_0＝0.9$	$p_0＝0.8$	$p_0＝0.7$	$p_0＝0.6$
$K＝4$	0.9999	0.9991	0.9894	0.9452
$K＝6$	0.9983	0.9672	0.8497	0.6331
$K＝8$	0.9298	0.6778	0.3827	0.1673

本章针对序列景像匹配算法的匹配概率估计分析方法是在一定的约束条件下成立的(文章在分析时已指出)，实际中还应注意以下两点。

① 一般意义下匹配算法的匹配概率估计一直是研究的难点问题。只有在匹配概率 p 的估计值相对可靠、准确的前提下，序列匹配算法的概率估计才具有实际意义。这对匹配仿真实验提出了很高的要求，如何使仿真实验的环境条件更逼近实际的序列匹配环境是研究的关健点(第 7 章研究实验室条件下的景像匹配仿真方法的设计问题)。

② 依据不同的应用背景，序列匹配结果的融合方法可能不尽相同，此时序列匹配概率的定义也将有所差别。针对飞行器序列景像匹配制导定位，给出了最基本的模式及其分析思路，对其他各种情况下的匹配概率估计具有参考意义。

传感器技术与计算机硬件技术的飞速发展，为序列景像匹配技术在众多领域的应用提供了广阔的空间，如目标运动状态的估计、遥感图像的自动配准、全景图的生成、图像检索等领域。序列景像匹配与传统的单一匹配模式相比，增加了系统成功匹配的可靠性，是提升系统整体匹配性能的重要途径。随着匹配系统硬件技术的不断提高，我们可以结合飞行器序列景像匹配制导系统特点，充分利用序列图像的帧间重复信息，采用帧间匹配提高系统匹配的可靠性。同时，还可以进一步以匹配位置、飞行速度等运动参数为状态变量，建立景像匹配定位系统的状态空间描述，采用 Kalman 滤波的方法在线消除误匹配点以及匹配位置的随机干扰误差，得到匹配位置的最优预测估计值，或者采用证据理论(dempster-shafer，D-S)、贝叶斯估计等数据融合技术设计新的控制策略，提高匹配性能[159-161]。这些问题均有待于进一步研究探讨。

第6章 序列景像匹配的测速与目标识别

本章结合飞行器智能化精确制导需求,在传统景像匹配模式基础上,研究基于序列景像匹配的飞行测速与目标识别问题。利用动态景像匹配算法得到的位置序列,研究两种动态景像匹配测速与定向算法,实现景像匹配算法功能的拓展;针对复杂背景条件下的地面目标,研究设计一种基于序列模板匹配的前视 ATR 算法,包括相应的基准模板制备、算法识别策略、动态结果融合等关键内容,通过 ATR 仿真实验验证了该方法的有效性。

6.1 引　　言

信息化的作战环境对飞行器的综合性能提出了更高要求,采用传统的景像匹配定位技术实现飞行器的导航位置修正已很难满足飞行器智能化导航与制导的需求。结合不同的应用背景,可以针对性从两方面开展拓展性的研究工作:一方面,扩展导航参数信息,利用景像匹配技术实现飞行器其他导航参数的估计,即除传统的位置信息外,估计载体的速度、姿态、方向、距离等信息,这些问题与视觉导航的相关技术方法将逐渐融合统一[161-163];另一方面,直接获取预定目标图像信息,即采用前视景像匹配技术,这样飞行器能够实时感知目标区的状态变化,实现目标的检测、识别、捕获、定位与跟踪等功能,此类问题对于飞行器自动着陆、打击时敏与移动目标具有重要意义[13,42,161,165]。本章基于序列景像匹配的思想,在景像匹配功能拓展及前视景像匹配模式方面开展了一些基础性的研究工作。

6.2 基于匹配位置估计的飞行器测速与定向

参考 5.4 节设计的动态景像匹配差分滤波估计定位算法,利用飞行器的位置信息序列,对估计结果进一步处理,可以实现飞行器的测速与定向。

首先进行速度计算。由于飞行器在匹配区上空作匀速飞行,因此只需要求出匹配区上空的平均速度即可认为是飞行器的飞行速度。由 5.4 节可知,经过对匹配位置序列的差分滤波估计处理,可以得到飞行器的运动轨迹方程,即式(5.8)。显然,这只是实时图在基准图上的像素轨迹坐标,若对其求导数,可以得到下式,即

$$\frac{\mathrm{d}x}{\mathrm{d}i}=K_x \tag{6.1a}$$

$$\frac{\mathrm{d}y}{\mathrm{d}i}=K_y \tag{6.1b}$$

这是飞行器的像素速度,即动态过程中每匹配一次(一帧)实时图的像素位移,单位是像素/帧。显然,若设基准图的分辨率为 R_{refer}(米/像素),实时图的获取帧频为 F_R(帧/秒),则飞行器的平均速度可以利用下面一组公式计算,即

$$v_x=\frac{\mathrm{d}x}{\mathrm{d}i}\times R_{\mathrm{refer}}\times F_R=K_x\times R_{\mathrm{refer}}\times F_R \tag{6.2a}$$

$$v_y=\frac{\mathrm{d}y}{\mathrm{d}i}\times R_{\mathrm{refer}}\times F_R=K_y\times R_{\mathrm{refer}}\times F_R \tag{6.2b}$$

$$v=\sqrt{v_x^2+v_y^2} \tag{6.2c}$$

显然,飞行器的航向为速度 v 的方向,综合式(6.1)与式(6.2)可以得到航向 ϑ 的计算公式

$$\vartheta=\mathrm{arctg}\left(\frac{v_y}{v_x}\right)=\mathrm{arctg}\left(\frac{K_y}{K_x}\right) \tag{6.3}$$

例如,5.4 节仿真实验算例中,$R_{\mathrm{refer}}=5$ 米/像素、$F_R=4$ 帧/秒、$K_x=10$ 像素/帧、$K_y=1.94$ 像素/帧。于是有下式,即

$$v_x=K_x\times R_{\mathrm{refer}}\times F_R=10\times5\times4=200(\mathrm{m/s}) \tag{6.4}$$

$$v_y=K_y\times R_{\mathrm{refer}}\times F_R=1.94\times5\times4=38.8(\mathrm{m/s}) \tag{6.5}$$

$$v=\sqrt{v_x^2+v_y^2}=\sqrt{200^2+38.8^2}=203.73(\mathrm{m/s})$$

$$\vartheta=\mathrm{arctg}\left(\frac{1.94}{10}\right)=10.98°$$

参照图 5.13,按照以上计算过程,可以得到基于匹配位置估计的飞行器测速与定向算法流程图(图 6.1)。

可以看出,式(6.2)与式(6.3)即为基于匹配位置估计的飞行器测速与定向的核心算法。分析可知,图像的分辨率越高、K_x 与 K_y 计算精度越高,则得到的速度值精度越高。分辨率高意味着图像的数据量增加,K_x 与 K_y 计算精度高则要求动态帧频增加即匹配位置点增多,这两者无疑均增加了匹配运算的运算量,因此需要充分利用各种辅助信息(如卫星定位信息),提高匹配算法的运行效率。若没有卫星提供的辅助信息或者卫星定位系统被干扰不可用时,如何利用高帧频的实时图实现飞行器的快速测速与定向呢?这便是 6.3 节要讨论的问题。

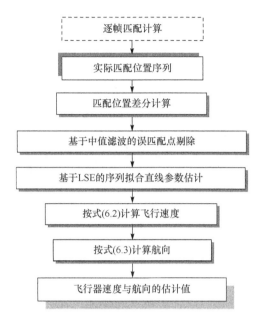

图 6.1　基于匹配位置估计的测速与定向算法流程图

6.3　基于实时图序列自匹配的测速与定向

在飞行器景像匹配系统中,当实时图序列获取的帧频较高时(利用高动态、高帧频相机),很自然前后两帧的重叠区域越多,如图 6.2 所示(序列图像中的连续 3 帧,分辨率 5 米/像素,帧频 2 帧/秒,大小 256×256)。

(a)　　　　　　　　　　　　　　　　　(b)

(c)

图 6.2　动态获取的实时图序列

可以看出，图像中的景物向左边运动，这正是因为摄像机随飞行器在向右边运动。如果知道了图像中某一像点在某一时刻的像素位移，则可以计算出飞行器运动的像素速度，结合图像的分辨率，进一步计算出飞行器的飞行速度。这里设计了一种基于实时图序列自匹配的测速与定向算法，主要实现思路论述如下。

6.3.1　特征模板检测

要得出某一像点的某一时刻的像素位移，必须首先选取一个特征参考点（reference point，RP）[2]，参考点的选取本质上是特征模板的检测，有两方面基本要求。一是要在合适的位置选择参考点，这样才能保证随着飞行器的运动，参考点不会飞出后续的图像帧；二是要充分考虑参考点特征模板的可匹配性，从而确保参考点匹配定位的可靠性与精确性。依据以上要求，这里给出参考点特征模板的两方面检测准则要求。

（1）确定检测区域的原则

参考点的选择应尽量靠近与飞行方向一致的中间位置，这样可保证参考点"不会飞出"下一帧实时图。在图 6.2 中，飞行器显然是向右飞行的，则参考点尽量选择每帧实时图靠右的中间位置，靠右说明横坐标要接近 256（图像宽，具体选择时应考虑特征模板大小），中间位置则是纵坐标为 128 的位置附近，如坐标（196，118）、（216，138）。

（2）特征模板选取的原则

计算图像灰度方差 Var 最大的模板区域，其中心即为参考点。图像的方差反映了图像中各像元的离散程度和整个图像区域总的起伏程度。对于模板区域 X1，其方差 Var 为

$$\mathrm{Var} = \frac{1}{n1 \times n1} \sum_{i=1}^{n1} \sum_{j=1}^{n1} \left[X1(i,j) - E[X1(i,j)] \right]^2 \tag{6.6}$$

其中，$E[X1(i,j)]$ 为模板图像灰度的均值；$n1 \times n1$ 分别为模板区域大小。

如果图像灰度分布是均匀的，即地物特征差异不明显或地形起伏平缓，则图像方差小，这样匹配时就难以找到正确的匹配点。

RP 检测总的依据是，在前一帧图像确定的搜索区域内进行搜索，按式(6.6)计算每一个与模板大小相同的区域的灰度方差，搜索区域内模板方差最大者的中心像素点便是参考点。

6.3.2　景像匹配定位

选出特征参考点后，则需要在下一帧图像中找出特征点的对应位置，这一过程正好可以采用景像匹配算法实现精确定位。由于是实时图序列间的图像匹配，传统的灰度匹配算法即可实现精确定位，这里采用 4.3 节设计的去均值 Proj 景像匹配算法(MProj)。

景像匹配过程中有一个重要问题就是搜索区域的选择。如果在完整的实时图中进行搜索匹配，必然会大大增加算法计算量，特别是当实时图较大时，算法的实时性将很难保证。考虑到飞行器运动速度及方向是可以大致预计的，因此在匹配过程中搜索区域应是在原特征点位置上，适当增加飞行速度及各种误差散布带来的像素位移。可依据式(6.7)计算飞行器的最大像素位移 $L_{\max}$，即

$$L_{\max} = -\frac{v_{\max}}{R_{\mathrm{real}} \times F_R} \tag{6.7}$$

其中，$v_{\max}$ 为飞行器的最大可能飞行速度，向右为正；R_{real} 为实时图分辨率；F_R 为实时图的获取帧频，负号表示位移方向与速度方向相反。

若已知参考点为 (X_0, Y_0)，依据 $L_{\max}$ 可得搜索区域，即
$$\Pi = (X_0 + L_{\max}, Y_0 + L_{\max}, X_0, Y_0 - L_{\max})$$

依据实时图及搜索区域大小，可以采用两种匹配方式，一种不需要改变特征模板；另一种需要迭代特征模板。当实时图尺寸较大、分辨率及获取帧频较高，且速度估计需要在较短的时间内完成时，可以采用第一种方式，这样可保证选择的初始特征模板不会超出每一帧实时图。

当速度估计时间跨度较长，初始特征模板在经过一段时间后(若干帧)"飞出"实时图时，则需要采用第二种方式，即迭代更新特征模板。此时，模板更新的方式和选取初始模板类似，只是换作在后续帧实时图进行搜索选定。当然也可以隔若干帧进行模板更新，原则是要保证特征模板不"飞出"下一帧图像。

6.3.3　数据融合处理

采用第一种匹配方式，设飞行器获取了 n 帧实时图，经过动态景像匹配过程后

可得到匹配位置序列$\{(x_0,y_0),(x_1,y_1),\cdots,(x_{n-1},y_{n-1})\}$,分解为横向$\{x_0,x_1,\cdots,x_{n-1}\}$序列与纵向$\{y_0,y_1,\cdots,y_{n-1}\}$序列。可以看出,得到的位置序列与5.4节类似,按照6.2节的思路求出飞行速度及航向角。

由于匹配运算是在实时图序列间进行的,图像的同源特性、特征模板的可匹配性及匹配算法的抗干扰特性可以有效保证参考点的正确匹配,因此不需要进行中值滤波处理,可以从最小二乘估计运算开始。计算方法如下,即

$$K_x=\frac{n\sum ix_i-\sum x_i\sum i}{n\sum i^2-\left(\sum i\right)^2} \tag{6.8a}$$

$$K_y=\frac{n\sum iy_i-\sum y_i\sum i}{n\sum i^2-\left(\sum i\right)^2} \tag{6.8b}$$

$$v_x=K_x\times R_{\text{real}}\times F_R \tag{6.8c}$$

$$v_y=K_y\times R_{\text{real}}\times F_R \tag{6.8d}$$

$$v=\sqrt{v_x^2+v_y^2} \tag{6.8e}$$

$$\vartheta=\text{arctg}\left(\frac{v_y}{v_x}\right)=\text{arctg}\left(\frac{K_y}{K_x}\right) \tag{6.8f}$$

对于第二种匹配方式,可以分段进行速度与航向估计,每一段转化为第一种工作方式。当然,在航向估计精度要求不高的条件下,不分段处理,直接进行特征模板迭代更新,计算每次匹配的$(\Delta x_i,\Delta y_i)$,利用下式可以求得当前的飞行速度与航向,即

$$v_{xi}=\Delta x_i\times R_{\text{real}}\times F_R \tag{6.9a}$$

$$v_{yi}=\Delta y_i\times R_{\text{real}}\times F_R \tag{6.9b}$$

$$v_i=\sqrt{v_{xi}^2+v_{yi}^2} \tag{6.9c}$$

$$\vartheta_i=\text{arctg}\left(\frac{v_{yi}}{v_{xi}}\right)=\text{arctg}\left(\frac{\Delta y_i}{\Delta x_i}\right) \tag{6.9d}$$

由于受图像分辨率及瞬时图像获取稳定性影响较大,上述算法在一段时间后取各点速度或航向的均值会得到精度更高的估计值。

6.3.4 算法仿真分析

对上述设计过程总结可知,基于实时图序列,完整的测速与定向算法的结构如图6.3所示。

以图6.2所示实时图序列为例进行仿真实验。按图6.3给出的算法流程,图6.4给出了与图6.2对应的实验结果。

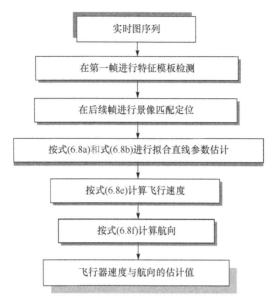

图 6.3　基于实时图序列自匹配的测速与定向算法流程图

 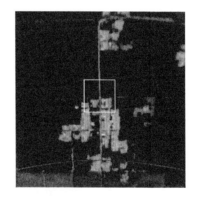

图 6.4　实时图序列自匹配实验结果

　　图中第一幅图像中的白框即为检测出的匹配特征模板图像,按照本书给出的序列间自匹配原理,可得到特征模板在实时图序列中的匹配位置序列,如表 6.1 所示。

表 6.1　实时图序列自匹配位置

序号/N	匹配位置序列
1	(179,103)
2	(163,102)
3	(147,102)
4	(131,102)
5	(114,102)
6	(98,99)
7	(82,98)
8	(66,97)
9	(50,96)
10	(33,95)

　　依据式(6.8a)和式(6.8b)计算可得,$K_x = -16.2$ 像素/帧、$K_y = -0.93$ 像素/帧,又知 $R_{real} = 5$ 米/像素,$F_R = 2$ 帧/秒,由式 6.8(c,d,e,f)计算可得,即

$$v_x = -16.2 \times 5 \times 2 = -162 (\text{m/s})$$

$$v_y = -0.93 \times 5 \times 2 = -9.3 (\text{m/s})$$

$$v = \sqrt{163^2 + 9.3^2} = 162.3 (\text{m/s})$$

$$\vartheta = \text{arctg}\left(\frac{v_y}{v_x}\right) = \text{arctg}\left(\frac{-0.93}{-16.2}\right) = 3.3°$$

其中,负号表示飞行方向与特征模板的运动方向相反。直观而言,只用相邻两帧图像中同一参考点的位移便可计算出飞行器的运动速度与方向(式 6.9),然而飞行器运动带来的摄像误差及景像匹配误差等会直接导致计算的不可靠与不准确,如按表 6.1 所示,计算出的横向速度从 150~170m/s 不等,所以这一方法实际使用时要慎用。当有动态实时图序列时,可以采用上述 LSE 方法消除随机误差干扰,得到高精度的速度与航向估计值。同时,基于实时图序列自匹配的算法明显要求实时图的尺寸比传统下视景像匹配系统中的实时图尺寸要大,目前的 CCD 传感器完全可以兼顾,依据实际使用需求,进行实时图的预处理,得到合适的图像尺寸。

6.4　基于异源序列模板匹配的目标识别

前视成像制导系统的工作过程分为目标搜索、目标识别、目标截获、目标跟踪等过程,其核心与关键就是目标识别。目标识别有自动识别和人工识别两种工作方式。在自动目标识别(ATR)过程中,通过对飞行器中段导航精度进行控制,并选择合适的相机视场范围,使前视成像装置开始工作时预定目标就在视场之内。参照下视景像匹配算法类型,自动目标识别通常有两种技术途径[2,11,17],一种是基于模板匹配的自动识别,另一种是基于知识检测的自动识别。

基于模板匹配的目标识别方法工作原理是根据目标区的测绘保障信息,利用坐标变换将目标变为识别点处的前视图像信息,再根据目标区的景物特征制作基准模板并装定到飞行器上,飞行器在末制导段对获取的前视图像进行特征提取,与预先装定的基准模板进行匹配识别,从而实现目标的识别定位。模板可以是图像灰度模板,也可以是图像特征模板,需要依据不同的需求及目标特性进行模板制备,包括多源图像预处理、数据融合、特征检测等内容[13]。

基于知识检测的目标识别方法针对目标特征明显、相对背景有较显著差异且背景相对较为简单的情况而设计。这类算法通常不需要进行模板制备,但需要进行目标特性知识参数等先验知识的学习与提取,如目标形状、大小、结构等不变特征参数,不同的目标需要研究相应的特征检测算法。采用知识的方法目前主要是针对机场跑道、港口、隧道、电厂、桥梁、雷达罩及典型时敏目标等特性目标类型[38,42,164,165]。这种方法需要研究更为高级目标特征知识检测、挖掘与学习方法,形成对目标几何、灰度、运动等干扰影响不变的知识信息,是最高层次的目标识别方法。

人工识别目标的方法是将前视成像装置拍摄到的目标图像通过中继平台,如卫星或高空无人机的图像/指令传输系统传回地面控制中心,通过人工的方法在图像上搜索识别目标,并将目标在图像中的相对坐标通过中继平台传回飞行器,供飞行器导引控制使用,这就是常说的“人在回路”(man in loop, MIL)遥控制导模式[166]。这种模式在无人机等飞行速度较慢的飞行器中具有成功的应用,体现出特有的航迹变更、战场侦察、待机飞行、打击时敏目标能力。MIL 模式利用人(捕控手)实现场景的识别或典型目标的定位,在某种意义上讲增加了飞行器的智能化水平,但也带来一些新问题。例如,飞行器高速飞行状态下对捕控手的操作提出更高要求,无论是专业技能,还是心理素质,均需要经过严格训练,如何确保捕控手操作的精确性与快速性是一大难题;另一方面,增加的图像/指令传输系统带来了数据加密、传输及抗干扰问题。此类问题的解决需要特定的技术支撑,这里不作详细探究。当然,可以利用自动目标识别的相关原理成果,如目标与场景的环境特性、目标基准图等信息,预先对操作员进行场景与目标特征的感官训练,提高对飞行环境及目标场景的感知能力。

模板匹配目前仍然是大多数飞行器采用的目标识别策略。在基于模板匹配的 ATR 算法中,基准模板的制备是算法研究的关键与难点,模板制备过程必须使基准图满足特征明显、重复模式少、可匹配性高的要求。目标模板图像主要包括目标灰度模板与目标特征模板两种类型,目标特征模板是研究的主流方向。

6.4.1　基准模板制作

对于大多数飞行器前视 ATR 制导系统,基准模板制作的基础数据是由情报测绘、侦察与保障部门提供的飞行航区或目标区各类信息数据,主要包括数字高程模型(digital elevation model,DEM)、数字地表模型(digital surface model,DSM)、数字正射影像(digital orthophoto map,DOM)及三维模型(three-dimensional model,TDM)等类型[167]。模板制作就是依据这些多源数据,按照一定的要求或准则,经过多源数据融合、目标特性分析、坐标投影变换、可识别性评估等环节,生成可以装入飞行器的数字基准图的过程。基本流程如图 6.5 所示。

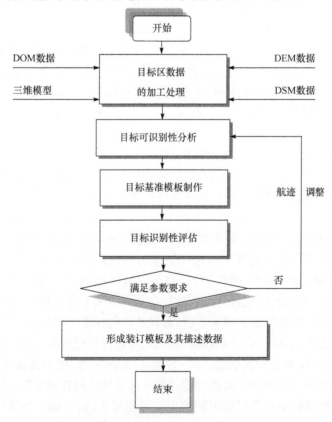

图 6.5　ATR 基准模板制作流程图

在图 6.5 中,DOM 表示数字正射影像,是指通过对遥感图像进行微分校正,得到具有较高几何精度和影像特征的图像[23];三维模型是指目标的三维模型,通常是包含典型目标及其周围场景的三维数据;DEM 是指数字高程模型,主要是用数值阵列来表示地面高程;DSM 表示数字地表模型,是指用数字表达的地表物体的表面形态。其他处理内容后面将分别详细论述。根据确定的目标类型,通常采用不同的方法进行模板数据制作。例如,对低矮或平面目标可采用数字正射影像图通过姿态及透视变换生成目标模板;高大目标则采用立体影像对,通过投影三维数据的方法生成目标模板;时敏与移动目标则采用基于灰度图像或几何模型的不变特征参数作为目标识别的基准图(近似于知识基准信息)。

6.4.2　目标可识别性准则

目标可识别性分析需要研究专门的目标可识别性准则,通常包括目标属性分析与场景属性分析两部分。在目标属性分析中,要依据基准图数据及目标识别算法的特点,判断目标是否属于特征显著地物,若为特征显著地物,则采用直接识别策略;若目标不是特征显著地物,则采取相对定位识别的间接策略。在场景属性分析中,需要对目标重复模式、目标遮挡情况等进行分析。经过上述分析,并结合目标识别算法和飞行器飞行约束条件,形成目标识别飞行进行方向、成像视点空间集合等专用信息。

1. 目标可识别性分析准则参数体系

参考下视景像匹配模式中匹配区的选取准则参数[12,13],在 ATR 目标可识别性准则中,可以考虑采用基于灰度差异、特征分布、相似程度的三层目标可识别性评价准则,采用基于灰度方差、信息熵、边缘质量、边缘密度、相关峰特征、自匹配数的准则参数体系。

(1) 基于灰度差异分析的可识别性评价

基于灰度差异分析的可识别性评价采用灰度方差、信息熵两个参数。

① 灰度方差。

图像的方差反映了图像中各像元的离散程度和整个图像区域总的起伏程度(公式见 7.2.1 节)。显然,如果获取的图像灰度分布是均匀的,即目标与地物特征差异不明显或辐射变化平缓,则图像方差小,这样匹配识别时就难以找到正确的匹配识别点,图像的可识别性就差。

② 信息熵。

图像信息熵又称 Shannon 熵,可以表示图像像素灰度值的分布情况。熵值越大,说明它具有较丰富的灰度值,信息含量比较高。

（2）基于特征分布分析的可识别性评价

由于保障数据与实时数据因传感器和成像环境的不同而存在较大的灰度差异，因此基于保障数据灰度差异的分析可以作为目标的可识别性评价参考，但还具有一定的局限性。图像特征是对图像的一些基本属性的描述，在不同程度上，它对图像的灰度畸变有一定的抑制作用。进一步分析图像的特征分布有助于更准确的评价目标的可识别性。本书在提取图像边缘特征的基础上，设计了图像的边缘质量和边缘密度两个参数进行目标特征分布的评价。

① 边缘质量。

图像边缘蕴含了丰富的内在信息（如方向、阶跃性质、形状等），与其他特征相比，最能反映出物体（目标）的个体特征，包含有关物体（目标）的独特的重要信息，使观察者一目了然。因此，边缘特征成为研究人员进行图像特征研究时最为关注的热门课题之一。本书重点研究 5 种实用的边缘检测算法，在进行目标可识别性分析时，采用 Sobel 边缘检测算子，其基本原理见 3.2.2 节。边缘质量表示对图像进行边缘提取之后，所含的边缘像素点的个数。

② 边缘密度。

在边缘质量基础之上引入边缘密度的概念，边缘密度是一种图像信息含量的度量，体现的是图像中所含边缘的多少，边缘密度大表明图像特征多，相应的匹配基准点也多。依据图像边缘质量与边缘密度值的大小，可以较为准确的描述目标特征信息量的大小，值越大，说明目标的边缘特征越丰富，越有利于进行检测识别（公式见 7.2.1 节）。

（3）基于相似程度分析的可识别性评价

特征分析的确能说明目标的特征量大小及稳定性，但相对于环境背景来讲，还需要明确特征的重复模式，也就是说，如果目标与背景中的特征模式很相似，也不利于进行目标识别。因此，需要进一步分析目标与场景的特征相似程度，本书设计采用相关峰特征与自匹配数进行重复模式分析。

① 相关峰特征。

相关峰特征包括最高峰（主峰高度）、次高峰、峰肋比、主次峰比等参数。图 6.6 给出了相关曲面示意图。

主峰高度是目标参考图与实时图内匹配位置的相似性度量值，描述两者的相似程度。次高峰描述图像中其他相似区域与目标的相似程度；峰肋比通常用主峰 8 邻域比来计算，描述的是主峰的尖锐程度，影响匹配的定位精度。主次峰比描述实时图中的重复模式，以及主峰在相关面中的突出程度，其值越高匹配结果置信度就越高。相关峰的计算方法可以参考式（4.19）。

在只有可见光波段的测绘保障数据的情况下，因为无法预测目标及景物在红外波段的成像效果，预测准确度将会受到明显影响，单靠提高图像特征参数的选择

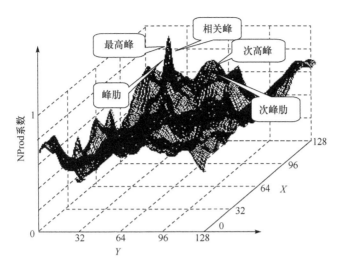

图 6.6　相关曲面示意图

阈值会导致适应性的大幅度降低,应增加多波段卫星遥感影像保障数据,通过图像预测、光谱分析,辅助准则等计算过程,增强识别准则的准确程度[①]。

② 自匹配数。

相关峰特征以直观的形式对图像的相似程度进行了分析,进一步还可以利用图像的自匹配数(self-matching number,SMN)进行相似性量化分析。定义子图 $X(u,v)$(目标图像模板)与图像 X(包含目标的成像视场图像)的自匹配数 SMN (u,v) 为相关曲面 $R(u,v)$ 上 NProd 系数大于 R_0 的点数。通常取 $0.90 < R_0$,若 R_0 取得大则子图与图像的自匹配点数就少,相反 R_0 取得小则子图与图像的自匹配点数就多。显然,自匹配点数表示了造成误匹配的可能性。若阈值固定,则自匹配点数就可以描述此子图与图像中其他子图的二维相关性。

可见,自匹配数 SMN 的值必然大于 1,自匹配数 SMN 从一定程度上刻画了图像的全局匹配特性,其值越大,图像的自匹配性越强,图像的各子图块间的二维相关性也就越强,说明目标与场景的特征相似性越高,越容易出现误匹配,越难以完成目标的正确检测识别。

2. 目标可识别性验证策略

通过对目标进行可识别性分析,可以充分了解目标与场景的基本特征,利用这些特性,结合飞行器打击目标的飞行弹道(末段的制导模式),需要进一步进行可识别性综合验证。本节重点研究典型目标的匹配性分析、通视性分析、可见性分析、

① 准则的研究不仅与目标特性本身有关,还与识别算法密切联系,需要具体分析综合考虑。

跟踪性分析验证策略。

（1）匹配性分析

对于某一确定模式下的目标区图像，可以用图像的可匹配性评价指标度量在图像上准确匹配目标位置的难易程度，即目标的可识别性。可以从目标局部凸显程度和全局凸显程度两个方面加以考虑，综合利用前面给出的可识别性分析准则参数形成可匹配性分析参数。进一步，还可以直接利用识别算法进行可识别性检验，得到典型目标的匹配精度和自匹配数。这对确定场景下的目标可识别性评价提供参考。此外，场景视点几何变换模型，综合分析不同方向、高度、距离条件下目标图像的匹配性，相对比较就可得到匹配性好的位置点集。

（2）通视性分析

通视性分析也是飞行器航迹规划的基础[167]，对于选择一条安全有效的航迹具有重要意义。通视性分析的主要任务包括两方面，一方面是使飞行器能够躲避给定的观察者，如雷达站、空中预警飞机等，另一方面是分析判断飞行器是否能够不受场景中其他地物遮挡，探测到目标。这里主要针高大建筑物对目标的遮挡影响进行分析。弹道飞行器的攻击通常接近垂直，可以认为不存在遮挡问题。巡航飞行器以平飞为主，在末端为低空飞行，其导引头在最前部，通常按前下视方式安装，需考虑目标周围高楼等高大物体的遮挡影响，相对关系如图 6.7 所示。

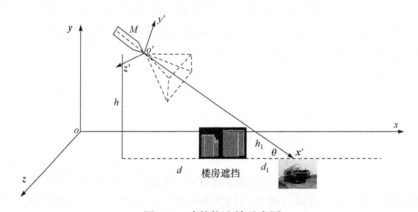

图 6.7　建筑物遮挡示意图

设飞行器与目标距离为 d，前方有高度为 h_1 的高楼遮挡，高楼距目标距离为 d_1（对于机动目标，其方位信息不确定，因此 d_1 不是一固定变量）。为了探测并识别目标，消除建筑物或其他类高大物体的遮挡影响，飞行器应以某攻角入射，从图 6.7 中各距离的几何关系可以得到近似攻击角度模型，应满足下式，即

$$\tan\theta = \frac{h_1}{d_1}$$

（6.10）

$$h = d\tan\theta$$

为提高飞行器的目标探测与识别概率,应尽可能地避免打击目标受到遮挡影响,选择通视性好的飞行航迹方向,目标区域的保障数据需包括附近地形地貌特征,从而为飞行器航迹规划提供有力支撑。

（3）可见性分析

可见性分析的主要任务是分析探测器的成像参数与探测距离对目标成像的影响。探测器对目标所在区域进行拍摄,距离过远的话,目标在图像中占很少的像素数,这对提取目标的特征进行匹配识别是非常不利的,因此需要结合探测器参数及导弹距离目标的位置信息,判断是否可进行目标识别。2.4.2节中已建立了探测器成像模型,即

$$d_m = 2d\tan(\alpha_n/2), \quad d_n = 2d\tan(\alpha_m/2) \tag{6.11}$$

在此基础之上,进行目标可见性分析,给出目标在图像中占据像素数的个数,为是否进行目标探测提供依据。

探测器视场角误差一般在$\pm5\%$左右,对整体拍摄影响不大,在忽略探测器视场角误差的情况下,$\frac{d_m}{d_n}=\frac{m}{n}$,因此可以得到探测器像素分辨率为$\frac{2d\tan(\alpha_m/2)}{n}$（米/像素），称$\frac{2d\tan(\alpha_n/2)}{m}$或$\frac{2d\tan(\alpha_m/2)}{n}$为探测器像素分辨率系数,在已知视场角和探测距离的前提下就可直接算出图像的像素分辨率[168]。

以某制冷型红外热像仪为例,给出其视场角、探测距离与像素分辨率的关系。某制冷型红外热像仪有宽视场、窄视场两种选择,宽视场为$9°12' \times 7°18'$,拍摄近距离场景,窄视场为$2°18' \times 1°48'$,拍摄远距离场景,其成像分辨率为320×256。表6.2列出了在不同视场和探测距离下的成像区域与像素分辨率。

表 6.2　常用探测器在特定距离下的像素分辨率关系表

视场角	探测距离/km	探测范围/(m×m)	像素分辨率/(m/pixel)
$9°12' \times 7°18'$	15	1914×2414	7.5
	10	1276×1609	5.0
	5	638×805	2.5
	3	383×483	1.5
$2°18' \times 1°48'$	15	471×602	1.86
	10	314×401	1.29
	5	157×201	0.62
	3	94×120	0.37

假设要进行打击的时敏目标其长为l,宽为w,在不考虑仿射畸变情况下,探测器成像时,目标的长宽按比例缩小,两者比例关系不变。在一定视场角和探测距

离的条件下,目标在图像中占据的像素数为

$$\begin{cases} l\_num = \dfrac{l}{\max(d_m, d_n)/320} \\[3mm] w\_num = \dfrac{l}{\max(d_m, d_n)/320} \end{cases} \tag{6.12}$$

像素数 l_num, w_num 应大于最小像素数目要求,才能利用目标特征提取等方法进行处理,得到可利用的特征信息;否则,目标在图像中仅是非常小的一块区域,边缘、形状、纹理等特征均无法提取,为后续的检测识别带来困难。

(4) 跟踪性分析

目标探测与识别是打击目标的关键和首要条件,当飞行器导引头完成目标识别定位后,更重要的工作是对目标的捕获与跟踪,这一过程是在实时图序列中自动完成的。对于目标序列图像,可以认为目标可识别性评价即是评价图像序列中目标的可跟踪性。图像序列可跟踪性评价指标与单帧图像可匹配性评价指标不同,通常采用跟踪可靠度(跟踪概率)和跟踪精度来进行评价。

对于已知的红外图像序列,由于目标可以标定,因此可以采用帧间目标灰度变化、尺度变化及位置变化信息进行图像序列的变化评价。在这一变化评价的基础上,可以计算出序列图像的目标跟踪可靠度与跟踪精度。当然,跟踪的可靠度与精度又与具体算法的性能密切相关,而目前研究提出的跟踪算法琳琅满目,性能各异,对于同一目标序列图像,不同算法会得到不同的可靠度与跟踪精度。因此,需要建立统一的基准,图像匹配跟踪,最经典、最简单的方法是模板迭代匹配方法,本书采用 MAD 模板迭代匹配跟踪与 NProd 模板迭代匹配跟踪两种方法建立序列的可跟踪性基准(算法原理参考 4.2 节和 4.3 节)。表 6.3 给出了 4 个不同序列目标的跟踪性能参数。

表 6.3　不同目标红外序列跟踪性能参数

红外图像序列	MAD		NProd	
	跟踪可靠度/%	跟踪精度	跟踪可靠度/%	跟踪精度
IR01-1	96	0.052	100	0.007
IR01-2	82.8	0.058	96	0.057
IR02-1	100	0.084	100	0.039
IR03-1	90	0.080	100	0.042

在表 6.3 中,IR01-1 代表目标序列编号,即第一类目标的第 1 组图像(序列),通常是指特定条件下获取的目标序列;IR01-2 表示不同条件下获取的第一类目标图像,可以是不同时间、不同方位、不同航迹等条件。跟踪可靠度是正确跟踪与序列总数的比值(由于图像抖动、遮挡及其他干扰,可能存在目标跟丢,此时模板不迭

代,继续向前匹配跟踪),跟踪精度由跟踪位置与目标实际位置计算得出,取所有位置误差的平均值(不代表算法本身的匹配精度)。由此可以看出,首先 NProd 算法与 MAD 算法相比,无论是跟踪可靠度还是跟踪精度,均有较大优势,因此可以基于确定的序列,对算法的跟踪性能进行比较分析;其次,同一目标序列图像,在不同获取条件下,得到不同的跟踪性能参数,因此可以对目标序列因获取条件改变而造成的可跟踪性质量下降进行分析;最后,不同目标序列图像,得到不同的跟踪性能参数,依此可以对具体目标的可跟踪性进行分析评价。

6.4.3　坐标投影变换

在基于模板匹配的识别方法中,模板的制备是一个至关重要的环节。模板的制备质量与识别算法的识别性能有着密切的关系,识别算法可能会因为模板制备质量的差异,而产生不同的结果。立体目标成像是一个三维空间到二维平面投影映射的非可逆过程。实际飞行条件下对立体目标的识别,不同视点下获取的目标图像存在遮挡、阴影、透视变换,实时图与正射影像生成的基准图之间存在较大差异。因此,在前视目标识别中其模板制备必须考虑成像过程的非可逆情况,充分利用测绘基础数据,预测导弹弹体运动造成的传感器视点变化,对目标特征的变化情况,从而减少模板与实时图之间的差异。利用保障数据进行图像坐标的投影变换需要考虑飞行器成像的位置、姿态,以及传感器的视场角与图像阵列大小,是一个多自由度信息变换问题。下面根据目标特性的不同,给出两种典型的基准图模板制备方案。

(1) 基于正射影像的模板制备

对于没有明显高程起伏的地面平坦目标,可以采用正射影像图保障,模板制作主要是对正射影像图进行视点透视变换。视点透视变换是依据飞行器所处的位置、姿态及相机姿态信息(光轴指向),并结合目标区正射影像图坐标,将正射影像图透视变换为当前视点的图像。本书 2.4 节及文献[117]中给出了这类坐标变换的基本算法,本书不再详述。图 6.8 给出了某目标区的在特定视点的透视变换结果(缩放处理后显示)。

得到目标区影像在特定视点的透视变换结果后,可以依据匹配算法的要求,在变换结果中选取特定大小的图像模板作为基准图模板。

(2) 基于三维模型的模板制备

对于周围高程起伏较大且具有较强立体特性的目标,需要采用三维数据,三维数据可以较为客观的反映目标空间几何特征,如构成目标的几何元素、边缘、立面及轮廓等,同时也能体现出目标所处地理环境中和其他物体的相对空间位置关系,如遮挡、相对距离等情况。因此,可将从目标三维数据及其所处三维场景中提取出的特征矢量进行有效组织,从而形成二维模板特征。模板图一般都取消了背景信息,只保留主要识别模式的特征信息。图 6.9 给出了某高大目标的基于三维模型的模板制作结果(按比例缩放后显示)。

(a) 某地正射影像

(b) 透视变换结果

图 6.8　基于正射影像图的视点变换

(a) 在正射影像图上勾画的目标

(b) 目标模板图

(c) 实飞红外图像

图 6.9　基于三维影像的基准模板制作

　　显然,在飞行器 ATR 未制导系统中,实时图序列是在飞向目标的过程中动态地摄像完成的。严格来讲,不同位置拍摄到的目标区图像是不同的,这样就需要制作对应的目标模板图像,因此模板的制作也是一个动态的过程。对于不同的序列实时图,需要制作对应的基准模板序列。

　　模板可识别性评估有两种方法。一种方法是在坐标变换后的图像中进行特征计算及可匹配性分析。虽然在正射条件下模板特征明显,但当经过投影变换后,也有可能受地形或周围场景影响,图像中的重复模式增加,降低了模板的可匹配性。另一种方法是进行 ATR 数字仿真实验,通过对实时图序列进行识别,分析模板的可靠性与可匹配性,这种方式因实时图序列的仿真缺乏有效的方法而难以实施。目前研究中对模板难以进行可识别性评估,一方面是因为目标特性分析不足、可识别性准则研究不完善,另一方面是因为识别算法状态不确定,如果这些环节均成熟可靠,则利用可识别性准则对目标进行有效的分析后,便可以完成模板的制作。

依据图 6.5 给出的方法便可在已知的飞行航迹末段影像图中选取生成特征明显、可匹配性高的基准图数据信息,这符合前视景像匹配末制导系统的工作要求,对于特定的工程应用具有重要意义。

6.4.4　识别算法策略

有了目标的基准图模板数据,目标识别的过程与前面研究的下视景像匹配算法原理类似,只是过程相反,原理如图 1.2 所示,转变为在实时图中找出与基准图模板最相似的位置,进而实现目标在实时图中的精确定位,即完成目标的直接识别。

1. 目标直接识别

利用正射影像制备出的模板图像包含重要的灰度纹理信息,特别是其中包含了类似于图像边缘、形状等稳定特征。于是,匹配识别算法设计采用 4.3 节定义的 LOG 边缘强度 Proj 算法。图 6.10 给出了基于序列模板匹配的自动目标识别算法流程图。

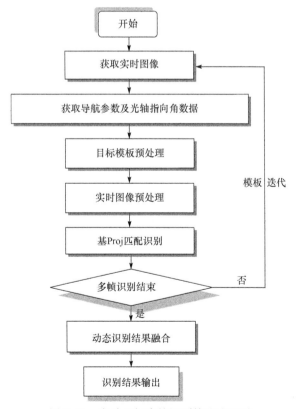

图 6.10　自动目标直接识别算法流程图

在图 6.10 中,目标模板预处理及实时图的预处理均是与匹配识别算法密切联系的,若采用 LOG 边缘强度,则对应的预处理就是 LOG 边缘强度检测。当然,如果需要改善基准模板与实时图的相似性,预处理通常还包括采用图像滤波、几何校正等方法[32]。动态识别结果融合,即是对多帧识别结果的融合处理,后面将详细说明。

2. 目标相对定位

对于特征不明显或是地下、半地下等可识别性较差的目标,很难实现目标的直识别,解决问题的一种思路是在目标附近选择特征明显、可匹配性高的参考特征点作为识别点,通过相对定位的方法再解算到目标点。其基本原理如图 6.11 所示。

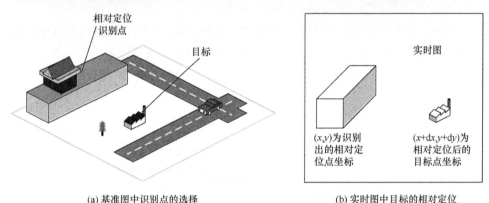

(a) 基准图中识别点的选择   (b) 实时图中目标的相对定位

图 6.11　ATR 相对定位算法原理示意图

相对定位识别算法的难点是参考识别特征点的自动选定,即如何能保证在基准图中选取参考识别特征点在实时图中对应位置也具备良好的可匹配性,这需要对目标及周围场景特性进行系统而深入的研究,形成可靠且准确的分析准则。同时,还要解决由参考识别特征点到目标点的相对定位算法问题,实现地理坐标系、弹体坐标系和成像坐标系之间的变换。由于视点位置误差,光轴指向误差、弹体姿态误差等将导致相对定位存在偏差,通常在相对定位后,要在解算位置处进行二次识别。

相对定位识别算法的流程在图 6.10 基础上略加改进即可得到,即在 Proj 识别定位后,要将定位点解算到真正的目标点。相对定位主要用于较远距离时,目标特征不明显或被遮挡的情况,当飞距目标较近时,可转入直接识别,确保识别精度。

3. 动态结果融合

动态结果融合就是在单帧识别的基础上,利用动态连续多帧图像的识别结果进行表决,从而提高正确识别概率。由于匹配模式的差异性,前视目标识别与下视景像匹配结果的序列分布有明显的区别,需要针对性地设计动态结果的融合策略。

对于连续识别的 $n(n$ 为奇数)幅图像的结果,结合导弹飞行航迹、导弹姿态、光轴指向等信息检查这 n 个识别结果中具有一致性的识别结果个数。如果具有一致性的识别结果大于 $(n-1)/2$,则认为具有一致性的识别结果是正确的。所谓一致性是指将识别结果反演到大地上,如果多次识别结果对应到大地上的距离小于一定的阈值,则称多帧识别结果具有一致性。一致性的判决通过简单的中值滤波算法就可以实现,基本思路是利用中值滤波算法求出识别点的中间值,并依此对误匹配点进行剔除,进而对所有匹配结果进行最优估计处理。当距离中值滤波结果超过某一阈值时,可认为是误匹配点,阈值的选择与摄像系统光轴指向的稳定性及获取帧频有较大关系,目前取 10 个像素比较合适。前视序列景像匹配算法结果的动态融合过程与下视匹配算法类似,可参考 5.3 节与 5.4 节。

通过多帧融合处理,一方面可以剔除误匹配点的影响,通过帧间插值处理得到正确匹配结果;另一方面可以预测后续帧图像匹配搜索区域,提高匹配速度、降低误识别风险。

6.4.5　目标识别仿真实验与分析

地面目标红外实时图序列的仿真目前还处于研究阶段,很多实验分析均是通过机载飞行实验对特定目标进行动态采图。本书所有 ATR 仿真实验所用的红外实时图序列便是飞行实验采集数据,这些数据比较真实地反映了 ATR 系统实际的工作环境。基于现有保障数据及目标序列数据,采用基于序列模板匹配的 ATR 算法进行仿真实验。图 6.12 给出了两种典型目标的红外实时图像(从距目标 10km 至 3km 的红外实时图序列中选取,飞行高度是 1000 米、获取帧频是 20 帧/秒,图像大小 320×256 像素)。

实验过程如下。

① 根据提供的红外图像序列,从数据表格中提取对应的实时飞行参数,形成程序使用的特定格式文件。

② 对于每个目标,根据实时图像飞行方向,在保障数据中人工标注目标瞄准点。

③ 结合保障数据及飞行参数,人工交互制作匹配识别基准图模板。

④ 动态加载实时图序列及基准图模板序列完成识别运算。

⑤ 统计每一个红外实时图像序列的正确识别概率。

图 6.13 给出了与图 6.12 对应的基于三维模型而制备的基准模板及识别结果。

图 6.12　两种典型目标的红外实时图像

(a) 目标基准模板图像

(b) 目标识别结果

图 6.13　目标识别结果

表 6.4 给出两种目标的实验统计结果。

表 6.4　ATR 算法仿真实验结果

目标	图像帧数	NProd 匹配算法		LOG 边缘匹配算法	
		正确匹配数	匹配概率/%	正确匹配数	匹配概率/%
目标 1	802	681	84.9	790	98.5
目标 2	452	280	61.9	340	75.2

可以看出,本书算法对目标 1 取得了较为满意的匹配概率,对目标 2 的识别能力则较差。从图像本身的特征可以看出,在目标 2 图像序列中,目标的特征并不明显,且图中的重复模式较多,这种情况下可以考虑采用相对定位方法,利用目标附近河流的边缘不变特征进行识别定位。由于这种方法需要更多的保障数据,本书仅给出研究思路,下一步将结合具体任务及数据模式进行相应的算法设计。同时,限于对目标特性理解的不足,当前匹配识别过程中通常参考实时图序列进行基准模板的制作,这在实际使用时也是不允许的,后续将通过深化对目标特性的分析研究,加强基准模板制备的可靠性,优化特征提取算法,提高实时图像中目标特征检测效率,探讨新的匹配识别模式,改善匹配识别算法的鲁棒性,提高匹配识别算法适应性。此外,利用文中给出的融合方法,可进一步提高匹配识别的可靠性,后续将结合实际应用,进一步改进融合策略,进行实验验证。例如,采用聚类分析算法求出 n 个识别点的聚类中心(最大聚类中心),用聚类中心进行误匹配点剔除,虽然会增加算法的复杂性,但是在一定程度上可降低对单次识别可靠性的要求,即不一定要求具有一致性的识别结果大于 $(n-1)/2$,仅需要找出一致性最强的某些点集就可实现融合处理。

识别出目标位置后,ATR 系统将利用识别位置截获目标图像,基于实时图像序列间的相关性,利用当前目标图像对后续实时图像中的目标进行跟踪定位,进而调整光轴使目标处于图像中心,实现对目标的连续跟踪。跟踪算法也是采用景像匹配方式,由于是同源图像间的匹配运算,采用普通的匹配算法即可实现目标的正确跟踪。跟踪的关键是确保跟踪精度,控制跟踪点的漂移,跟踪过程中目标由于获取距离变化,其大小也在不断变化中,容易产生跟踪点的漂移,设计景像匹配跟踪算法时需要采用稳定的跟踪点,关于跟踪点的确定将在第 7 章将进行详细论述,应用背景虽有不同,但原理思想相近,具有重要参考意义。

为了增强匹配算法可靠性、拓展景像匹配功能,后续应更密切结合飞行器应用背景,加强景像匹配算法的融合设计,以下几方面有必要深入研究。

① 加强对地面复杂背景条件下图像自动目标识别技术研究,主要包括目标特性分析、基准模板制作、稳定特征提取、鲁棒匹配方法等方面。

② 研究采用 SAR 图像、激光雷达图像等类型图像的制导系统的匹配算法设计。参考下视景像匹配及 ATR 的思路,对目标特性分析、基准模板制作、特征或知识匹配算法设计等方面的重点研究[38,122,164]。

③ 研究飞行器前视觉导航的理论与方法。本章研究的前视景像匹配技术仅适用于飞行器在目标区完成目标的探测识别与制导,类比人类视觉导航的原理,完全可以将前视景像匹配相关技术应用于飞行过程中的导航与制导,这需要建立新的飞行与探测模型。特别是,已经拓展到多飞行器的协同探测与制导领域,近年来这些均已成为飞行器智能导航的研究热点[9,160-163,168-171]。

第7章　异源景像匹配仿真方法与模型

大量匹配算法的涌现势必引出另一个重要的研究课题,即匹配算法的性能评估问题。景像匹配仿真是评估算法性能、促进算法研究,进而改善系统整体性能的重要手段。本章研究在实验室条件下,异源景像匹配仿真方法的设计问题,设计了一种实用的异源景像匹配仿真方法,研究了相应仿真数据的制备方法。用该方法对匹配算法进行性能评估,提高了所获取的算法性能参数的可信度;基于对特定匹配算法的性能参数进行分析,可完成制导基准图的适配性估计;依据计算的可匹配性检验参数,可以对实时图的可匹配性进行预测分析。应用实验结果验证了本章仿真方法与模型的实用意义。

7.1　引　　言

景像匹配算法的性能是决定匹配制导精度的关键因素之一。多年来,国内外研究人员在这一方面进行了不懈的努力,提出许多性能优越的景像匹配算法。研究面向应用的算法性能评估方法,对算法的性能进行评估分析,从众多的匹配算法中比较择优,对于实际应用具有重要意义。

匹配仿真实验是算法性能评估的重要手段[97-106]。在实验室条件下,匹配实验环境的构建,即如何快速、自动制备出容量大且与实际应用环境比较吻合的图像样本集是匹配仿真的关键。传统的匹配仿真方法一般是人工产生基准图-实时图测试对,形成匹配仿真实验测试样本集,然后用匹配算法逐一进行匹配仿真实验,依据实验的总次数及正确匹配的次数计算匹配概率、匹配误差、匹配时间,实现对算法的性能评估[100,101]。这种方法将耗费大量的人力、时间用于景像图样本集的建立及匹配实验的进行,要达到成千上万次匹配实验几乎不太可能,这样会直接影响算法性能参数的可靠性、可信度。从理论上讲,匹配仿真实验进行的次数越多,统计出的算法性能参数就越可靠、可信。文献[17],[101]对算法性能评估的基本思路及其中的关键技术进行系统分析,但并未给出具体的、实用的景像匹配仿真方法。本章结合实际应用,提出一种计算机自动匹配仿真方法。该方法在匹配算法的性能评估及图像的适配度估计中得到了很好的应用。在本书研究中,重点是针对下视景像匹配制导模式(图1.1),若没有特殊说明,设计的方法、思路主要是针对下视模式,当然其中的原理思想对于前视模式具有参考借鉴意义。

7.2 仿真方法设计

为了对匹配算法或制导基准图进行有效的性能评估,最常用的方法是采用大量匹配仿真实验进行各类性能参数的计算与分析,而大量匹配仿真实验的自动、有效完成是建立在一定的仿真方法或策略之上。结合飞行器制导应用及算法特点,本节首先给出了仿真中采用的各类评价指标参数,然后设计了针对不同应用模式的仿真方法的原理过程[143]。

7.2.1 评价参数的定义

仿真中采用的评价指标参数主要包括匹配算法性能评估指标参数、图像可匹配性检验参数,以及其他图像的相似性分析参数。

1. 算法性能评估指标参数

匹配算法的性能评估主要是对其可靠性、精确性、快速性及鲁棒性进行定量的分析与验证。仿真中主要包括如下对应指标参数。

① 匹配概率 P_c。

② 匹配精度 σ。

③ 匹配时间 T_M。

④ 匹配裕度 R_{MM}。

⑤ 匹配适应度 R_{MA}。

本书 3.3.1 节已详细论述了这些参数的定义,前视目标自动识别中主要用识别概率、识别精度、识别时间等参数,定义基本一致,这里不再赘述。

2. 图像可匹配性检验参数

参照景像匹配区的选定理论与方法[12,13],仿真方法中采用的图像可匹配性检验参数主要有图像方差(variance,Var)、独立像元数(independent pixel number,IPN)和边缘密度(edge density value,EDV)。其定义分别如下。

(1) 图像方差

图像的方差反映了图像中各像元的离散程度和整个图像区域总的起伏程度。对于图像 X,其方差 Var 为

$$\mathrm{Var} = \frac{1}{m \times n} \sum_{i=0}^{m-1} \sum_{j=0}^{n-1} \big[X(i,j) - E[X(i,j)] \big]^2 \qquad (7.1)$$

其中,$E[X(i,j)]$ 为图像灰度的均值,如式(3.32)所示;m 和 n 分别为图像的行和列的像元数。

如果图像灰度分布是均匀的,即地物特征差异不明显或地形起伏平缓,则图像方差小,这样匹配时就难以找到正确的匹配点。

(2) 独立像元数

独立像元数是灰度独立信息源的一种度量,值越大,信息量越大,图像的匹配性能就越好。独立像元数是在相关长度(correlation length)的基础上定义的。相关长度定义为自相关系数 ρ 与二维坐标轴所围成的面积,也可以看做是自相关系数在一个方向上为 $1/\mathrm{e}=0.368$ 时的位移增量,记为 L。相关长度是有方向性的,对于二维景像图,一般求取水平和垂直两个方向的相关长度 L_h 和 L_v,且认为图像数据中,凡是行距超过 L_h 或列距超过 L_v 的两个像元是不相关的。相关长度是度量图像灰度粗糙程度、表征地形变化快慢的关键参数。相关长度越短,说明数据之间独立性越强,图像特征也就越丰富;反之,图像数据相关性强,匹配时容易导致误匹配。对于二维图像,通常定义独立像元数 IPN 为

$$\mathrm{IPN}=\left(\frac{m}{L_h}\right)\times\left(\frac{n}{L_v}\right) \tag{7.2}$$

独立像元数从统计角度反映了图像内包含的独立景物的多少,直观而言,如果实时图内包含有较多的能够明显分辨的景物,则说明该图的可匹配性好,匹配概率一般都较高。

(3) 边缘密度

图像边缘密度是一种图像特征信息含量的度量参数,体现的是图像中所含边缘的多少。边缘密度大表明图像特征多,相应的匹配基准点也多,即

$$\rho_{\mathrm{edge}}=\frac{N_{\mathrm{edge}}}{N_{\mathrm{total}}} \tag{7.3}$$

其中,N_{edge} 为图像中目标的边缘像素的个数;N_{total} 为图像中边缘像素的总个数。

依据图像边缘密度值的大小,可以较为准确的描述目标特征信息量的大小,值越大,说明目标的边缘特征越丰富,越有利于进行检测识别。

3. 其他分析参数

为了描述实验图对之间的差异性,仿真方法采用均平方误差(MSE)、峰值信噪比(PSNR)、相似信噪比(SSNR)三个参数。

(1) 均平方误差

MSE 的定义见式(4.5)。

(2) 峰值信噪比

$$\mathrm{PSNR}=10\lg\frac{256\times256}{\mathrm{MSE}} \tag{7.4}$$

PSNR 通常直接用 MSE 代替。

（3）相似信噪比

描述基准图与实时图的差异程度,定义见式(3.24)。

7.2.2　方法的基本原理

结合实验室的一般研究条件,依据下视景像匹配制导的基本原理,将数据资源的制备及仿真控制策略的设计相融合,给出了匹配仿真方法的基本思路。

① 在已有的卫片或航片中选择能够充分反映匹配算法可能遇到的场景图像类型,如山区、丘陵、农田、居民区等地物类型,为匹配算法提供一个足够广阔的测试评估空间。

② 依据实际景像匹配系统的工作环境,用畸变模型处理第①步得到的基准图,得到畸变基准图,以模拟实时图与基准图可能存在的差异。

③ 根据实际中实时图的大小,在畸变基准图上,截取相同大小的子图,作为匹配实验所用实时图。同时,记录子图在畸变基准图中的确切位置坐标。

④ 将基准图与实时图输入到待评估的匹配算法中,在基准图中搜索实时图的匹配位置坐标。

⑤ 比较实时图的确切位置坐标与实际匹配位置坐标,判断其是否正确匹配,并求出位置误差及匹配裕度。

⑥ 按照一定步长,变化子图截取位置,重复③～⑤步,并对正确匹配次数及位置误差进行累计。同时,记录每一次的位置误差。

⑦ 依据基准图与畸变基准图计算可匹配性检验参数及其他评价参数。

⑧ 当子图截取达到一定数目(一般取>120)后结束循环。选取代表其他景像特征的基准图,返到②步。

⑨ 达到预先设定的基准图数目(依据航片或卫片中的景像特征的丰富程度而定)时结束匹配。

⑩ 依据总的截取次数、累计匹配时间、累计正确匹配次数、累计位置误差、最大匹配裕度,以及每一次的匹配误差,便可求出匹配算法的性能参数。

依据以上仿真方法思路,仿真方法的实现流程如图 7.1 所示。

其中,畸变模型是依据实际匹配中基准图与实时图的差异而确定,这与所使用图像的特性有一定关系。目前,用于巡航导弹景像匹配系统的主要是光学景像匹配,畸变模型一般包括由于云层遮挡或传感器镜头畸变引起的噪声干扰,由于图像传感器姿态的变化、地球曲率、地形起伏、弹载相机焦距变动引起的几何失真,以及由于成像时图像曝光不足或过度而引起的灰度畸变等。步长是通过基准图与实时图的大小及总的匹配次数而确定的,考虑到图像内部像素之间的相关性,步长取10～15 个像素较为合适。仿真实验时,也可先截取子图,再施加畸变模型来实现实时图的模拟。其思路及流程与图 7.1 类似。

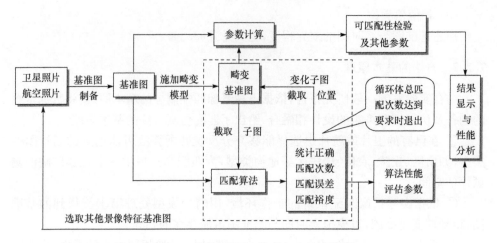

图 7.1　下视景像匹配仿真方法的流程图

可以看出,该仿真实验方法的最大特点就是整个过程便于计算机软件编程实现。其优点主要体现在以下方面。

① 畸变模型可控。一方面,根据同一畸变模型下不同算法的性能参数可比较匹配算法的性能差异;另一方面,随着畸变模型的变化,可得到某一确定算法的不同性能参数,这样可对算法的畸变适应性进行回归分析。

② 测试环境逼真。该方法可以选取尽量大的匹配用图样本集,截取子图可以随机生成,也可均匀生成,增加了算法性能参数的可信度。例如,若预选基准图大小为 160×160(像素),截取子图大小取 32×32,则理论上可按顺序取上万个子图(129×129)进行匹配运算,由于图像相邻像素点之间具有一定的相关性,实际仿真中可按固定步长选取子图。

③ 仿真效率高。由于整个过程均可通过计算机编程自动实现,这样几乎可以进行无时间间隔的连续匹配,从而大大减少了匹配仿真实验的时间。例如,对于归一化积相关算法(NProd 算法),在一台 PⅢ450 的 PC 机上进行上百次匹配定位实验只需 2 分钟左右(基准图大小为 160×160,实时图大小取 32×32)。

在匹配仿真实验中,还可以通过飞行实验直接摄取的方式获取实飞图像,与基准图组成更为真实的基准图-实时图对,依据这些图像对,完成一种离线的半实物匹配仿真。参考图 7.1,图 7.2 给出了半实物匹配仿真的流程图。

这种仿真方法的最大优点是真实性好、可信度更高,而且可以完成多传感器景像匹配仿真实验。因为在实际的景像匹配制导中,实时图是由飞行器的机载传感器实时获取的,采用实飞图像对更能反映飞行器实际的工作环境。

在前视景像匹配制导模式中,识别算法主要完成基准图序列与实时图序列的匹配运算,如果依据飞行器实际飞行弹道制备出典型目标的图像序列,或通过飞行

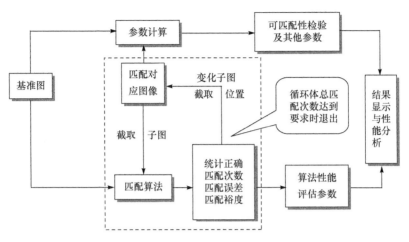

图 7.2　下视景像匹配半实物匹配仿真方法的流程图

实验采集到典型目标由远几近图像序列,则可以设计如图 7.3 所示的目标匹配(识别)仿真方法。

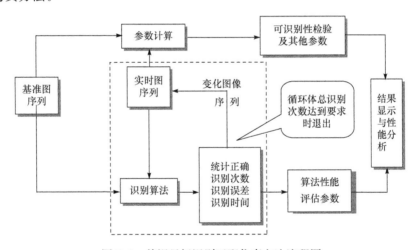

图 7.3　前视目标识别匹配仿真方法流程图

可以看出,在实验室环境下,要有效实现以上仿真方法,需要首先完成大量仿真数据,即仿真基准图与实时图的制备。特别是实时图的生成,需要研究建立异源图像间的畸变模型。

7.3　仿真数据的制备

如前所述,在景像匹配制导定位中,基准图的来源一般是卫星照片或用高空侦察机拍摄的航片。实时图是当飞行器飞经目标区上空时,由机载传感器实时获取的地面景像特征。由于摄取时间、环境等条件的不同,基准图与实时图在灰度内容特征上有很大差异,形成这种差异的因素有摄像时的光照强度、气象状况,以及传感器姿态等。匹配仿真必须考虑基准图与实时图的差异性,从数据资源上更贴近于实际应用。

7.3.1 基准图的制备方法

在下视景像匹配制导中,基准图的获取应能充分反映景像匹配算法可能遇到的各类场景类型图像信息。选择具有代表性的各种地形地貌的图像,如农田、丘陵、山地、河流、机场、港口、居民区等主,而且每种地形应当具有不同的复杂程度。仿真方法中的基准图通过专用的基准图生成与评估软件系统(该软件系统的主要功能已集成在第 8 章的景像匹配综合实验与仿真系统中)产生,其制备流程如图 7.4所示。

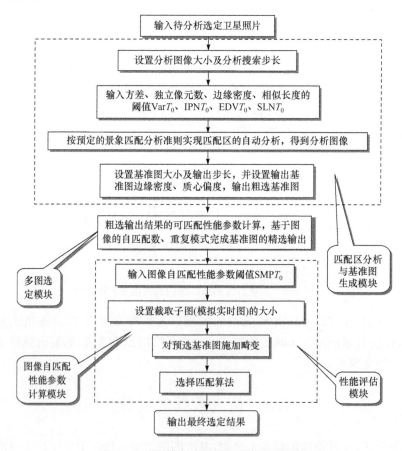

图 7.4 下视模式中基准图的制备流程图

图 7.4 中的各参数含义可以参考前面参数定义及文献[12]、[173]，依据图 7.4 给出的方法便可在已知的弹道末影像图中选取生成特征明显、可匹配性高的基准图数据信息，这符合实际景像匹配制导系统的工作要求，对于特定的工程应用具有重要意义。

在前视 ATR 制导系统中，基准模板制作的基础数据是由测绘、侦察或情报保障部门提供的目标区信息数据，主要有 DEM、DSM、DOM 及三维模型等类型。基准图制作就是依据这些数据，按照一定的要求或准则，经过目标特性分析、坐标投影变换、可识别性评估等环节，生成可以装入飞行器的数字基准图的过程。基本过程如图 6.5 所示。

显然，前视基准图的制备过程与下视模式有明显区别，关键在于分析目标及其环境的辐射特性，结合各类保障数据，重点研究目标与环境的对比特性，特别是目标在一定探测条件下所固有的稳定不变特征，最终实现特征或知识基准图的生成。

7.3.2　实时图的仿真生成

从图 7.1～图 7.3 给出的仿真方法策略可以看出，在景像匹配仿真中，实时图的仿真生成有两种思路。一种思路是利用已有的基准图保障数据施加各类畸变生成实时图，与基准图组成仿真的基准图-实时图对，其优点是方便灵活、畸变模型可控，缺点是畸变模型难以准确建立、实时图的真实性差。另一种思路是利用飞行实验平台直接摄取的方式获取典型区域实时图，与基准图组成较为真实的基准图-实时图对，其优点是真实性好、可信度高，因为在实际的景像匹配制导中，实时图是由飞行器的机载传感器实时获取的，缺点是代价较高，可操作性不强。

在景像匹配仿真中，必须有大量能够覆盖各种图像场景或目标种类、畸变干扰种类与强度的实时图，通过飞行器直接摄取的方法显然并不现实。因此，在现有的图像数据的基础上模拟异源图像之间的各种畸变特性，以生成满足要求的仿真实时图，是实验室条件下行之有效的仿真方法。7.4 节将对实时图的仿真生成过程中常用的畸变模型进行分析论述。

对于下视景像匹配模式，基准图的来源主要通过卫星或侦察机拍摄的目标区正射影像，实时图也属于正射影像，结合测绘保障条件，经过严格配准校正，可以直接得到大量同一地区不同传感器、不同时相的图像对，从而极大方便下视景像匹配算法仿真中图像对的生成，利用两者之间的坐标对应关系，可以直接判断算法匹配结果、统计算法匹配精度、匹配概率。

对于前视景像匹配模式，由于获取的实时图在不断地变化，很难找出与之完全配准的基准图序列。这样，待识别目标在实时图的精确位置（目标点）预先并不知道，因此前视景像匹配算法仿真实验结束后，是否正确识别及识别概率的统计通常是基于人工判读方式，识别精度基本没法统计。可见，问题的关键在于实时图序列中目标基准点的没有准确标定,只有知道目标基准点,算法的性能参数计算与统计才有了依据。下面就特别针对目标点的标定问题进行研究。

7.3.3　实时图目标点的标定

ATR 算法是采用前视景像匹配制导飞行器的关键技术之一,要研制有效实用的 ATR 算法必须进行大量的仿真实验,通过机载飞行实验采集典型目标的实时图序列进行算法仿真是当前算法研究中的重要途径。前面已经分析过,由于很难准确标定出实时图序列中的目标点,因此算法的性能只能靠"人眼看",主观因素影响不说,关键是仿真效率太低。例如,对于典型的制导飞行过程,一个目标序列通常从 10km 左右开始采图,到 3km 结束,可得到近千帧图像,而如果从不同方位、不同高度、不同时间再进行采图实验,则一个典型目标任务就有十几个序列图像。这样对多个典型任务进行仿真实验,则人工要去判读近十万帧图像,工作量将变得异常繁重,且不同算法均要去开展主观色彩浓厚的重复性统计工作,这样得到的结果很难保证其准确性、可靠性及算法性能参数的可比性。这些问题严重影响了对 ATR 算法的客观评价,制约了 ATR 算法的研究进程。这里研究提出一种基于景像匹配的逆向跟踪法,为这一问题的解决提供可行有效的技术途径。

1. 逆向跟踪原理

目前 ATR 算法仿真实验中的实时图序列通过都是通过飞行器实飞采图实验获取。采图实验就是将摄像机固定于飞机上,按照事先规划的路径,包括相对于预设目标的方位、高度,从一定距离飞向目标,使相机光轴尽量指向目标,动态获取目标区(包含目标)的图像,同时得到与图像序列相对应的飞机导航参数,组成目标的实飞图像序列数据包,供后续仿真实验使用。某一目标由远及近的四帧图像(大小 320×256,夜间拍摄,按比例缩小显示)如图 7.5 所示。

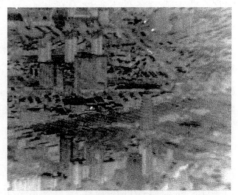

(a) 第180帧图像　　　　　　　　　　　　　　(b) 第380帧图像

(c) 第680帧图像　　　　　　　　　　(d) 第880帧图像

图 7.5　某地区典型目标序列图像

　　由图像序列可知,目标在图像中逐渐变大,特征逐渐增强,特别是序列的最后一幅有效帧中,要打击的目标分辨率达到亚米级,如果此时在图像中人工选取目标攻击点,可获得较高的定位精度。也就是说,在近距离的有效帧图像中可以精确地标定出目标点,如果能将这一目标点有效地回传到之前的每一帧图像,一直到起始帧,则即完成了目标点的自动标定。由于相临帧图像具有很强的相关性,因此采用景像匹配算法的思想,通过目标点图像模板在序列图像帧之间的匹配定位,就可以实现目标点的位置的传递标定,这便是目标点逆向跟踪法的基本思路。由于是实现目标点的逆向传递,与真正的飞行器目标跟踪算法方向相反,因此称之为逆向跟踪法。图 7.6 给出了逆向跟踪法的实现流程。

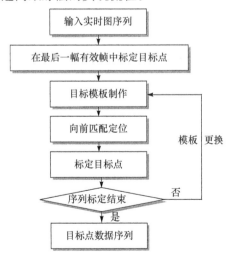

图 7.6　逆向跟踪法的实现流程

在图 7.6 中,在最后一幅有效帧上选择目标点是可行的,而且精度可以保证,这在前面已分析过。该方法的关键在于能否将高精度的初始标定点通过逆向跟踪传递到初始帧,且保证较高的跟踪精度,而核心是目标点模板的制作及匹配算法的设计。

目标模板制作必须保证其具备良好的可匹配性。一方面,相临图像帧之间内容特征上具有较强的相似性,可以基本保证模板的可匹配性;另一方面,通过在标定点进行特征分析提取合适的匹配模板,并依据新的目标标定点更新模板数据,可有效确保模板的匹配性。

匹配算法设计的核心是要保证匹配的精度,前面的研究可知 Proj 景像匹配算法具有较高可靠性及匹配精度,因此采用此算法进行跟踪匹配定位。

2. 特殊情况分析与处理

针对以上跟踪算法原理,有两种特殊情况需要分析处理。

(1) 序列中有异常帧

异常帧主要指识别目标不可见或部分缺失的实时图像帧。实时图像序列中出现异常帧的原因有多种,包括云层遮挡、光照饱和、载体振动等。异常帧将导致逆向跟踪法不能正确找出目标点,很明显,若按上述逆向跟踪算法思路,实时图像序列中只要出现个别异常帧图像,将直接导致后续帧目标点选择错误。这种情况可采用相似度判决方法有效消除,确保跟踪的可靠性。

相似度判决法的基本思路是,判断每次匹配定位的相似度,只要相似度低于某一要求值,就认为是异常帧,跟踪匹配的识别模板图像不迭代更新,并对异常帧进行标记,继续后续图像匹配跟踪。采用鲁棒性较好的景像匹配算法就可以适应多帧间的图像几何及灰度等变化,保证可述情况下的连续可靠跟踪。

此外,也可以考虑采用多帧表决融合的思路(多用于弹上识别、定位、跟踪算法),利用多帧匹配结果剔除错误匹配点,传递正确的匹配目标模板图像。但这种方法明显增加了算法的复杂性,其容错能力在当前仿真实验中并未较前者有明显提高,在这里使用意义不大。

(2) 目标点难以跟踪

目标点难以跟踪是由于所选的目标点在实时图像中特征不明显、易干扰或重复模式较多。目前 ATR 识别的难点,如低矮目标、特性目标、隐蔽目标或不可见目标常常会存在这种问题。这在目标的自动跟踪过程中,通常采用相对跟踪的方法来解决,即选取目标点附近特征明显、易于跟踪的参考点,再通过相对位置修正或参数变换得到目标点,实现目标的跟踪。显然,解决这类问题的关键在于对目标点进行可跟踪性分析、跟踪特征点的选择及模板大小的确定,这需要研究专门的跟踪准则作为支持。对于逆向跟踪法,由于需要人工选择初始目标点,因此可以同时选择距离目标较近的多个特征点作为跟踪点,这样可以得到最初的目标点与跟踪点的相对位置坐标,跟踪过程中再利用跟踪点的变换参数进行坐标变换,实现目标点的相对定位标定。

3. 标定实验与分析

为了验证本书方法思路的有效性,利用基础的基于 Proj 匹配的方法进行逆向跟踪仿真,对图 7.6 给出的图像序列进行目标点标定实验。图 7.7 给出了与之对应的几幅图像的跟踪结果。

(a) 第180帧图像

(b) 第380帧图像

(c) 第680帧图像

(d) 第880帧图像

图 7.7　序列图像目标点的标定实验结果

图中"十"字标记标示了跟踪得到的目标点。可以看出,采用本书方法可以较为准确地完成目标点的标定,但跟踪存在着一定的漂移。我们知道,模板匹配使用模板中的每一个点参与匹配运算,因此当目标尺度、姿态变化时,将产生定位累计误差,这是导致跟踪点漂移根本原因。跟踪过程中模板更新次数越频繁,漂移量越大,因此一方面要利用目标序列间的相关性变化趋势确定模板合理更换时机,另一方面可采用模板跟踪与特征点跟踪结合的方法,或同时对跟踪结果进行多子区可靠性判别与决策。同时,也可以使用亚像元匹配、模板重采样和特征点检测修正技术减小跟踪点漂移误差。

　　显然,在跟踪过程中,特征点的选择必须保证其具有良好的可匹配性及稳定性(特别是具备一定的抗几何畸变干扰特征),这样才能保证自动跟踪过程中目标点不会漂移,因为这种漂移具有累积效应,会逐渐形成较大的定位误差,失去位置标定的意义。SIFT 特征是图像跟踪领域研究的热点特征[56,90],具有较强的尺度及视点不变性,在视频图像跟踪方面体现出优越的性能,这对于实时性要求不高的图像序列目标点标定也具有重要的应用参考意义,后续将深入研究基于 SIFT 特征逆向跟踪的目标点精确标定问题。

7.4　畸变模型的分析与建立

　　依据实时图与基准图之间存在的各种差异性,匹配仿真通常采用的畸变模型主要有噪声干扰模型、几何畸变模型、灰度畸变模型、天候模型,以及红外特征模型等。

7.4.1　噪声干扰模型

　　可见光图像的噪声形式主要包括独立噪声和图像相关噪声[18,22]。独立噪声通常用附加噪声的形式加以描述,即 $f(i,j)=s(i,j)+n(i,j)$,其中 $f(i,j)$ 为实际获取的图像,$s(i,j)$ 是真实的图像,$n(i,j)$ 是噪声。噪声 $n(i,j)$ 通常在频域上均匀分布(也就是白噪声),均值为 0。这一类噪声在图像的高频分量中占据主要成分,而一般图像信息主要包含在低频分量中。图像相关噪声主要存在于那些由于被拍摄区域表面的反射特性使得反射光发生干涉而产生斑点噪声的图像之中,但对可见光图像的影响较小,因此通常假定可见光图像中的噪声为高斯白噪声。

畸变模型 1　高斯噪声(Gaussian noise)

二维 Gaussian 噪声的生成方法如下。

① 生成两个相互独立的在[−1,1]满足均匀分布的随机数 ν_1 和 ν_2。

② 满足均值 μ,标准差为 σ 的一维 Gaussian 白噪声 n_G 由下式给出,即

$$n_G=t \cdot \sigma+\mu \tag{7.5}$$

其中,$t=\nu_1 \times \sqrt{(-2) \times \log(\nu_1^2+\nu_2^2)/(\nu_1^2+\nu_2^2)}$。

③ 将一维 Gaussian 白噪声随机数序列转化为二维矩阵。

畸变模型 2　椒盐噪声(salt & pepper noise)

椒盐噪声是黑图像上的白点,白图像上的黑点,与周围各点的灰度值差异较大。其生成方法如下。

① 设定椒盐噪声密度 d。

② 循环取图像中的像素点，生成一个随机数 n_{rand}（用 Rand() 函数实现）。

③ 将 n_{rand} 值与 d 比较，当 $n_{rand} > d$ 时，该像素点赋以图像灰度最大值；$n_{rand} > 2d$ 时，该像素点赋以图像灰度最小值；其他情况下，灰度值不变。

畸变模型 3　斑点噪声（speckle noise）

与 Gaussian 噪声不同，斑点噪声是乘性噪声，其生成方法如下，即

$$I_2 = I_1 + n_G \cdot I_1 \tag{7.6}$$

其中，I_1 为原图像；I_2 为加入噪声后的畸变图像；n_G 是均值为 0；方差为 σ^2 的均匀分布随机噪声。

实时图噪声干扰图像如图 7.8 所示。

(a) 原图像　　　　　(b) Gauss噪声干扰图像　　　(c) 椒盐噪声干扰　　　(d) 斑点噪声干扰图像
　　　　　　　　　　　(u=0.1,σ^2=0.01)　　　　　(d=0.05)　　　　　(σ^2=0.05)

图 7.8　噪声干扰图像

目前，飞行器异源景像匹配制导系统中采用的景像匹配方式主要有三种，即可见光与可见光、可见光与红外及可见光与 SAR。本书分析建立的畸变模型主要是针对可见光与可见光景像匹配方式，其他两种因为传感器特性的复杂性，直接通过畸变模型的分析与建立还有待于进一步的深入研究。对于后两类模式的匹配仿真，研究中直接采用飞行实测图像，即按图 7.2 给出的第二种仿真方式进行。

7.4.2　几何畸变模型

引起实时图几何畸变的主要因素是图像传感器姿态的变化、飞行高度、地球曲率、地形起伏、地球旋转、摄像机焦距变动、像点偏移、镜头畸变等。这些因素将导致拍摄的实时图产生仿射、透视、偏扭、弯曲等，或者多种形式组合的更为复杂的几何畸变。几何畸变引起实时图内部灰度信息的位置发生变化，引入的匹配误差比噪声引起的误差要大一些。几何畸变的仿真均是以间接法实现的（原理见 2.3.1 节），即已知实时图的坐标，按照畸变模型在原图中找变换后的像素点坐标，并赋以对应的灰度值。用 x 和 y 表示原图像坐标，w 和 h 表示仿真实时图的大小，x' 和 y' 表示变换后图像坐标，建立以下实用的几何畸变模型。

畸变模型 4　仿射畸变（affine distortion）

数学表达式为

$$\begin{bmatrix} x \\ y \end{bmatrix} = \rho \begin{bmatrix} \cos\theta & \sin\theta \\ -\sin\theta & \cos\theta \end{bmatrix} \begin{bmatrix} x' \\ y' \end{bmatrix} + \begin{bmatrix} x_0 \\ y_0 \end{bmatrix} \tag{7.7}$$

其中，ρ 是比例因子；θ 是旋转角度，顺时针为正；x_0 和 y_0 分别为横向和纵向的平移量；变换矩阵代表了旋转变换。

畸变模型 5 透视畸变（perspective distortion）

$$x = x'(w/2)/(w/2 - k_{p0}(h/2 - y'))$$
$$y = k_{p1}y' + y_{p0} \tag{7.8}$$

其中，k_{p0} 为透视系数；k_{p1} 为拉伸系数；y_{p0} 为偏移量。

上式给出的是纵向透视畸变，横向（侧向）透视畸变类似。

畸变模型 6 偏扭畸变（deflection distortion）

$$x = (x' + w/2) \cdot w/(w - k_{d0}(h/2 - y')) - w/2$$
$$y = y' \tag{7.9}$$

其中，k_{d0} 为偏扭系数。

畸变模型 7 弯曲畸变（bending distortion）

$$x = x' - x_{b0} + \sqrt{(y' + h/2)}$$
$$y = y' \tag{7.10}$$

其中，x_{b0} 为偏扭量，通常取 $\sqrt{h}$。

依据上述四种几何畸变模型，以图 7.8(a) 为原图像（大小为 64×64）。图 7.9 举例说明相应的几何畸变图像。

(a) 仿射畸变　　　　　　(b) 透视畸变　　　　　　(c) 偏扭畸变　　　　　　(d) 弯曲畸变
($\rho=1.1,\theta=5°$)　　　($k_{p0}=0.1,k_{p1}=1,y_{p0}=0$)　　　($k_{p0}=0.1$)　　　　　($x_{b0}=8$)

图 7.9　几何畸变图像

可以看出，直接对确定的图像施加几何畸变，新图像必然有些位置没有像素值。在本章的匹配仿真中，仿真实时图是在基准图中截取，这样可以确定的位置及实时图的大小。采用间接法，在基准图中获取仿真实时图灰度值可以避免这一问题出现。在匹配仿真中，几何畸变的施加均是通过这一方法实现的。

注意，以上模型的给出均是以图像中心为坐标原点，对于实际的图像坐标系，编程实现时还需要进行坐标的平移转换。同时，相对于基准信息来讲，采用的坐标变换公式实际上是上述模型的逆变换。

畸变模型 8　基于飞行姿态的几何畸变

坐标变换原理详见 2.4 节,基于飞行姿态的几何畸变仿真的具体步骤如下。

① 输入畸变参数:实时图的大小 n;给出摄像机在基准坐标系的坐标为(x_0, y_0, z_0);给出导弹偏航角 ψ、俯仰角 ϑ、滚动角 γ。

② 计算弹载相机标准高度 h 和变换矩阵 G。

③ 求出矩形 $A_1B_1C_1D_1$ 上对应点在 xoz 上的投影。

④ 给矩形 $A_1B_1C_1D_1$ 赋以 xoz 平面上投影点的灰度值即得到模拟实时图。

其中参数及字母的含义均见 2.4 节。图 7.10 给出了几种姿态角及飞行高度变化时的仿真实时图,仿真实时图大小为 64×64。

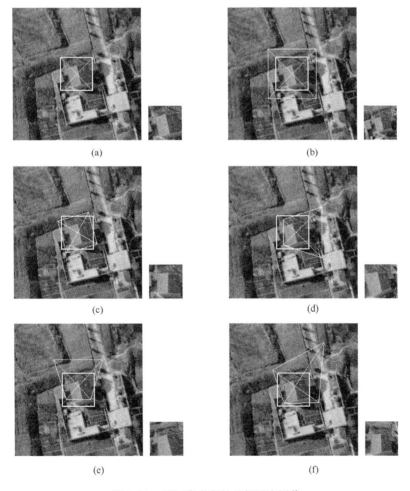

图 7.10　基于姿态角的几何畸变图像

图中粗线框为理想实时图的成像位置区域;细线框为在一定的姿态角或飞行

高度条件下,仿真实时图的成像区域;成像区域对角线的交点是新的像点中心。各图的仿真参数如表7.1所示。

表 7.1　仿真数据参数表

仿真图像	摄像高度 h	偏航角 $\psi/(°)$	俯仰角 $\vartheta/(°)$	滚动角 $\gamma/(°)$
图 7.10(a)	h	0	0	0
图 7.10(b)	1.5h	0	0	0
图 7.10(c)	h	15	0	0
图 7.10(d)	h	0	15	0
图 7.10(e)	h	0	0	15
图 7.10(f)	1.2h	10	10	10

7.4.3　灰度畸变模型

实时图灰度相对于基准图灰度的变化,归纳起来主要由以下因素所致。

① 由传感器引入的整个信号电平变化。

② 景物反射率或辐射率的变化。

③ 由于云层或太阳入射角度的变化所引起的亮度变化,阴影和景物遮蔽所引起的模糊。

④ 匹配区域内实际景物的变化。

⑤ 基准图本身与实时图之间的灰度差异,即基准图的制备误差。

畸变模型 9　灰度畸变(grayscale distortion)

采用灰度线性变换法实现对比度及亮度的调整[55]。一般通过减小或增强原图的某两个灰度值间的动态范围来减小或增强图像的对比度,或者直接增加或减小灰度值以增强或减弱图像的亮度。数学表达式为

$$f'(x,y)=\begin{cases}(c/a)f(x,y), & 0\leqslant f(x,y)\leqslant a \\ [(d-c)/(b-a)][f(x,y)-a]+c, & a\leqslant f(x,y)\leqslant b \\ [(L-d)/(L-b)][f(x,y)-b]+d, & b\leqslant f(x,y)\leqslant L\end{cases} \quad (7.11)$$

在际应用中,a、b、c 和 d 可取不同值进行组合,从而得到不同的效果,或者采用下式,即

$$f'(x,y)=s \cdot f(x,y)+o \quad (7.12)$$

还有一种非线性的灰度动态范围压缩方法[20],即

$$f'(x,y)=K \cdot \log(f(x,y)) \quad (7.13)$$

注意,用式(7.13)计算时应在原灰度值的基础上加1,以免取对数时运算溢出。

畸变模型 10　同时具有仿射畸变及灰度畸变

同时具有仿射及灰度畸变的图像数学模型为

$$\begin{bmatrix} x' \\ y' \\ f'(x,y) \end{bmatrix} = \begin{bmatrix} a & b & 0 \\ c & d & 0 \\ 0 & 0 & s \end{bmatrix} \cdot \begin{bmatrix} x \\ y \\ f(x,y) \end{bmatrix} + \begin{bmatrix} e \\ f \\ o \end{bmatrix} \tag{7.14}$$

其中,x 和 y 分别为原图像的像素点坐标;x' 和 y' 为畸变图像中对应的像素点坐标;a、b、c、d、e、f 代表了几何畸变(仿射变换中的对应参数);s 和 o 代表了灰度畸变。

以图 7.8(a) 为原图像,图 7.11 举例说明了相应的灰度畸变图像。

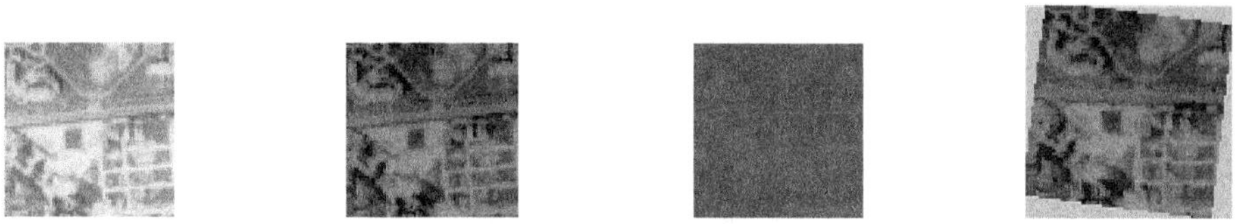

(a) 对比度变化   (b) 亮度变化   (c) 动态范围压缩   (d) 同时具有仿射与灰度畸变

图 7.11　灰度畸变图像结果

7.4.4　天候模型

景像匹配中的实时图在不同季节、不同气象条件下的模拟生成理论与技术也是当前研究的热点内容之一[104,117,118]。其目的在于,在计算机虚拟环境下,通过对遥感成像过程进行科学可视化仿真再现,直观地分析和评测那些制约遥感成像质量的内外界因素的作用机制。LOWTRAN7 是目前采用最多的天候模型专用仿真软件之一。LOWTRAN7 是美国空军地球物理实验室(AFGL)用 FORTRAN 语言编写,于 1989 年 2 月公布,其主要用途是军事和遥感的工程应用。与前几版本相比,LOWTRAN7 增加了多次散射的计算及新的带模式、臭氧和氧气在紫外波段的吸收参数。程序考虑了连续吸收、分子、气溶胶、云、雨、雾的散射和吸收、地球曲率及折射对路径及总吸收物质含量计算的影响。利用 LOWTRAN7 软件中的可控参数,如太阳方位、表面漫反射系数、大气模糊度、观察者的高度和天顶角、波长范围和增量等,可模拟典型气象条件下(阴、晴、雨、雾、气溶胶和不通日光条件)的成像模式。

7.4.5　红外特征模型

对于红外成像制导方式,需要研究如何利用已知保障数据,模拟生成实际飞行过程中的红外图像,难点与关键是建立目标与场景的红外特征模型,即确定目标与场景在特定条件下的红外辐射亮度分布。目前,在确定目标的红外辐射亮度图时有两种常用的方法[173]。

① 理论建模方法。目标的红外特征主要是由构成材料的表面温度和发射率所决定的。在研究过程中,需考虑各种影响因素,如天气条件、地理位置、目标状态、干扰模式的情况下,通过分析典型时敏目标与背景的相互作用,建立描述目标与背景间能量传递的温度分布理论模型和红外辐射理论模型,通过理论计算来分析研究目标与背景的红外辐射特征及其对比特性。

② 实验验证方法。在理论分析的基础上,通过大量外场典型目标采图实验,测量典型目标与背景在实际情况下的温度分布和红外辐射及其对比特性,通过实验数据的整理与分析,获得目标与背景红外辐射特征及其对比特性的变化规律。同时,依据实验结果,对之前建立的理论模型进行修正,可以得到更准确的目标与背景红外辐射特征,构建典型目标与背景特性模型。

场景红外图像的计算机模拟可以使用实际外场拍摄的真实红外图像进行处理,去除其中无用的目标,去除红外摄像机作用效果影响及大气作用效果影响,反推至红外背景图像的零视距离辐射图,也可以采用与目标建模相同的方法,利用三维建模软件生成背景几何视图,再利用经验或基本原理模型法预测背景的温度分布,然后给背景几何模型赋以灰度值,代表其辐射亮度。背景的几何建模过程与目标的建模稍有不同,背景的模拟首先必须建立背景的数字化网格高度图,在网格高度图中包括背景中不同材料的结构类型,如草地、裸露地、树林、道路等,以及高度分布数据,这些数据可以从卫星图像上获取。然后,用合适的软件生成背景三维几何模型。已有许多专门的背景图像生成软件,如 Aerospace 背景模型生成软件,但是要模拟复杂的背景辐射(如一个城市的红外辐射图像)是一件相当困难的事情。目前,国内外研究人员已经开发了诸如 MODTRAN、VEGA、NIRATAM、DIME、ISIS、IRSG、GSIM 等用于目标和场景红外辐射仿真的模型、软件或系统[173,174],为红外图像实时仿真提供了有效的技术支持。

7.5　仿真方法的应用实验

本书设计的匹配仿真方法在景像匹配制导相关问题研究中具有重要的实用意义。主要应用于匹配算法的性能评估研究;基准图的适配性估计研究;实时图的可匹配性检验等方面。针对飞行器下视景像匹配制导的实际需求,在以下仿真实验中,除不同畸变条件下算法的性能比较实验外,其他实验采用的实时图均是实飞图像,采用的仿真方法即图 7.2 所给出的半实物匹配仿真方法。除特殊说明,仿真中的基准图大小为 256×256,实时图大小取 64×64,曲线图的横坐标均为景像匹配对序列数,纵坐标为各种评价参数值,匹配精度的单位为像素(统计平均结果)。

7.5.1　实验 1—匹配算法性能评估

本书关于匹配算法的所有匹配仿真实验均由本章设计的匹配仿真方法完成。该方法一方面可以实现不同匹配算法的性能比较分析；另一方面可以研究算法对不同畸变、不同景物特征的适应性。3.3.3 节和 4.3.3 节给出的实验数据即是不同算法的匹配实验比较结果。这里以经典的 NProd 算法及本书提出的 EProj 匹配算法为例，选取多组反映不同地区、不同地貌特征的 PIONEER/航片景像匹配对、SPOT/航片景像匹配对，进行算法的性能评估实验。图 7.12 给出了两种算法的匹配概率、匹配精度的综合比较曲线。

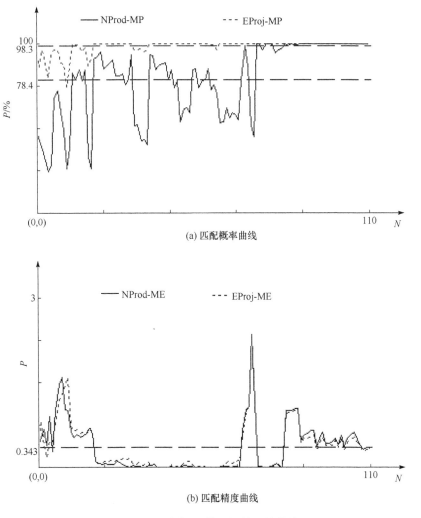

(a) 匹配概率曲线

(b) 匹配精度曲线

图 7.12　不同匹配算法性能比较曲线

　　图 7.12 中的实线为 NProd 算法,虚线为 EProj 算法(采用 LOG 算子)。可以看出,EProj 算法的匹配概率明显优于 NProd 算法,说明 EProj 算法的可靠性高于 NProd 算法;由于算法采用的搜索策略、匹配策略相同,相似性度量有本质上的联系,因此两种算法的匹配精度并无太大差异;概率曲线的起伏说明算法对不同地物特征、不同传感器图像的适应性。依据大量的匹配仿真数据,该实验可以对匹配算法进行各种性能指标评估,为匹配系统的算法选择提供决策依据。

　　图 7.13 给出了不同畸变条件下的算法匹配概率与匹配精度的变化,图像序列为某地 PIONEER/航片景像匹配对,匹配算法为 CC 算法,即去均值归一化积相关算法。

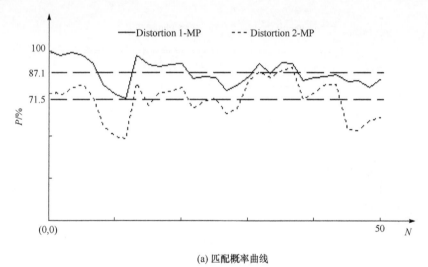

(a) 匹配概率曲线

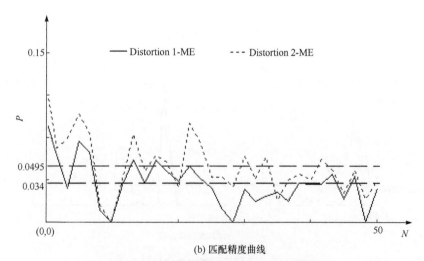

(b) 匹配精度曲线

图 7.13　不同畸变条件下的匹配性能比较曲线

　　图 7.13 中的实线为施加"畸变模型 1＋畸变模型 3＋畸变模型 4"的匹配结果；虚线为施加"畸变模型 1＋畸变模型 2＋畸变模型 3＋畸变模型 8"的匹配结果。显然，由于后一种畸变类型更为复杂，使实时图与基准图产生了更大的差异性，其匹配概率与匹配精度均有所下降。此仿真实验可用于研究算法对不同畸变类型的适应性。

　　图 7.14 给出了不同实时图大小对匹配概率与匹配精度的影响曲线。

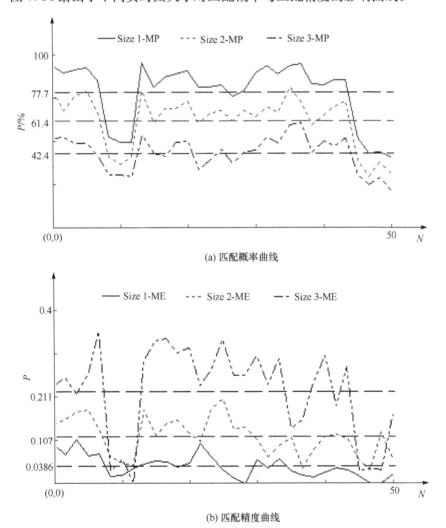

(a) 匹配概率曲线

(b) 匹配精度曲线

图 7.14　不同实时图大小情况下的匹配性能比较曲线

　　图 7.14 中的实线所示的实时图大小为 64×64，虚线为 45×45，点划线为 32×32，匹配算法为 NProd 算法。可以看出，实时图越大、算法的匹配概率越高、

匹配误差越小,当然也会使匹配运算量增加,导致算法的实时性下降,实际中应结合匹配系统硬件及其他工作环境折中最优选择实时图的大小。根据具体应用背景及特定的匹配算法,此仿真实验对于选择实时图大小具有重要意义。

在仿真实验中,算法匹配裕度的计算方式是这样规定的,对于有限次匹配运算,存在误匹配的情况下,匹配裕度为导致误匹配的最大 SSNR,当匹配概率为 1 时,匹配裕度为确保正确匹配的最小 SSNR。对于基于大量图像对的匹配仿真实验,综合比较各种算法的鲁棒性时,可以取概率阈值 90%;若算法的所有匹配概率计算值均小于给定的概率阈值时,匹配裕度取图像对中的最大 SSNR;若算法的匹配概率计算值至少有一个大于概率阈值时,匹配裕度取大于概率门限值的最小 SSNR。匹配裕度及匹配适应度的计算与不同的图源、不同的畸变类型及不同的景物特征密切联系,由于图源的限制,这里略去。

综合而言,基于上述实验可开展以下研究工作。

① 不同匹配算法的性能比较分析。

② 匹配算法对各种畸变的鲁棒性分析。

③ 匹配算法对各种景物类型的适应性分析。

④ 匹配算法中实时图大小的优化确定问题研究。

这些工作对于算法性能的综合评估,促进匹配算法研究,以及匹配制导系统算法的选择提供了重要的技术支持。

7.5.2　实验 2—基准图的适配性估计

基准图的适配性估计对于基准图的选定、可用性分析及作战决策具有重要意义。利用本书仿真方法,可以结合弹上实际使用的匹配算法,对基准图的适配性进行有效的估计。首先对不同传感器基准图适配性进行比较分析。

分别选取同一地区的 30 组 SPOT/航片对及 30 组 PIONEER/航片对进行实验,匹配算法为 NProd 算法(针对具体应用背景,可选择实际匹配系统采用的匹配算法)。图 7.15 给出了同一地区 SPOT 与 PIONEER 基准图的适配性比较结果。

图 7.15 中的实线是 PIONEER 图像作基准图的匹配性能曲线,虚线是 SPOT 图像作基准图的匹配性能曲线。可以看出,对于进行实验的这一地区图源数据来说,采用 NProd 算法时,用 PIONEER 卫星影像生成的基准图性能在匹配概率上略优于用 SPOT 卫星影像生成的基准图,但在匹配精度上较差。一方面说明了 PIONEER 图像可应用于制导基准图的制备;另一方面说明了 PIONEER 图像的配准精度还需要提高,以确保匹配的精确性。本实验对于选择制导基准图及检验比较卫星影像的配准精度具有重要意义,为景像匹配中扩展卫星图像类型的使用提供了决策依据。

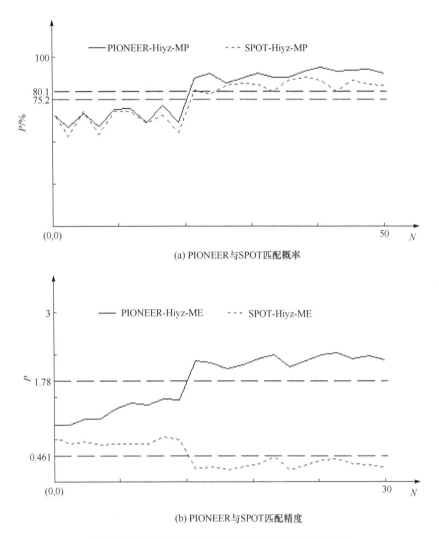

(a) PIONEER 与 SPOT 匹配概率

(b) PIONEER 与 SPOT 匹配精度

图 7.15　PIONEER 与 SPOT 景像匹配性能比较曲线

对于不同地区的基准图进行可匹配性评估,分别以地区 A 和地区 B 的 30 组 PIONEER/航片匹配对进行实验,图 7.16 给出了两个地区的基准图适匹配性比较结果,匹配算法仍然为 NProd 算法。

图 7.16 中的实线是地区 A 的 PIONEER 图像作基准图的匹配性能曲线,虚线是地区 B 的 PIONEER 图像作基准图的匹配性能曲线。可以看出,在地区 A 的匹配性能明显优于地区 B,这样用地区 A 的 PIONEER 图像制备出的基准图具有更高的匹配可靠性与精确性。基于这样的评估实验,可以为景像匹配制导最优匹配区的选定提供参数依据。

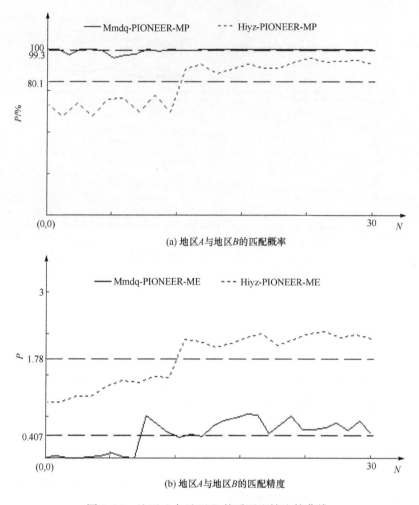

(a) 地区A与地区B的匹配概率

(b) 地区A与地区B的匹配精度

图 7.16　地区 A 与地区 B 的适匹配性比较曲线

　　基于本书给出的匹配仿真方法,还可对基准图对不同匹配算法的适应性、对不同气候条件的适应性进行评估,这里不再赘述。需要强调的是,若采用弹上使用的匹配算法对所选地域进行匹配仿真,可以进一步增加匹配区基准图评估分析的可靠性和可信度。

7.5.3　实验 3—实时图的可匹配性检验

　　为了提高匹配的成功率,实时图在进行匹配之前还需要进行可匹配性检验[50],以确定其是否特征明显、可进行匹配运算。可匹配性检验参数的有效选择意义重大。计算实验 1 中景像匹配图像对的可匹配性检验参数,得到相应图像数据序列的方差、独立像元数、MSE 及 SSNR 值,结果分别如图 7.17 所示。

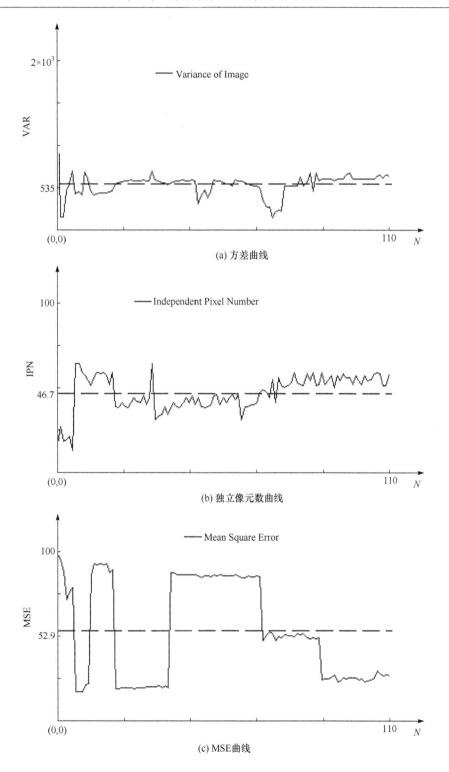

(a) 方差曲线

(b) 独立像元数曲线

(c) MSE曲线

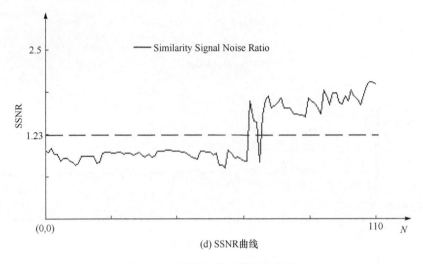

(d) SSNR曲线

图 7.17　评价参数计算结果曲线

　　与图 7.12 中的匹配概率曲线比较可知,图像方差、独立像元数、MSE、SSNR 在一定程度上都可以反映图像的可匹配性,但由于图像内景物特征及畸变类型的复杂性,方差、独立像元数与匹配概率并没有严格的正比关系。相比之下,MSE、SSNR 与匹配概率的关系吻合更为一致,即 MSE 越小、SSNR 越大,匹配性能越好。因此,根据弹上系统的实际工作要求,可以采用图像方差对实时图进行粗检,即当实时图方差小于一定值时,可认为该实时图可匹配性太低,不宜作匹配运算;采用 MSE 或 SSNR 进行精确检验,提高匹配的可靠性。基于本实验,结合匹配性能参数与图像可匹配性检验参数的关系,可以为实时图可匹配性检验参数的定量选择提供参数依据。

　　在没有实飞图像的情况下,我们采用施加畸变模型的图 7.1 方案,这在算法对各类畸变的鲁棒性分析、基准图对各类畸变的适应性分析中也得到很好的应用。

　　该仿真方法作为一种重要的技术手段,将在第 8 章介绍的实验与仿真系统中实现,其相关的理论与方法在实际的科研工作得到了成功应用。需要进一步研究不同传感器的畸变模型以及我国的气象标准,使得仿真和评估更加可靠、有效。

第8章　异源景像匹配综合实验与仿真系统

异源景像匹配综合实验与仿真系统综合集成了本书的研究工作,为异源景像匹配技术研究及景像匹配相关理论在飞行器制导控制系统中的实用化与工程化,提供了有效的技术参考与支持。针对可见光景像匹配制导模式,论述了仿真系统的结构设计方案、硬软件组成,各子系统的工作原理和主要采用的技术方法;介绍了几种典型的应用实例,总结了系统的主要功能;针对红外目标识别制导模式,简要介绍了仿真系统的总体框架与功能。

8.1　引　　言

伴随着景像匹配技术研究的不断深入,有关景像匹配仿真的理论、方法与技术也受到国内研究人员的日益重视。北京航空航天大学等相关单位都开展了景像匹配仿真技术的研究工作,取得了一些理论及技术成果[99-108,175],这些成果对于景像匹配仿真技术的研究起到了重要的推动作用。总体上来讲,国内研究大多数是基于纯数字仿真,很少有 CCD 相机、红外探测器、精密转台等硬件设备参与,且仿真的内容较为单一、仿真研究与工程应用联系并不密切,大部分仅仅停留在算法性能验证这一层次。因此,对于仿真技术在武器系统研究与发展的作用来讲,国内景像匹配仿真技术的研究还具有广阔的发展空间。结合智能飞行器设计与开发研制需求,发展完善实用的景像匹配仿真技术仍是未来景像匹配制导技术研究的重要课题之一。

本书前几章对飞行器景像匹配制导算法及景像匹配仿真方法、策略与模型进行了系统而深入的研究,综合集成这些研究成果,融合景像匹配制导技术中其他相关的重要研究内容[176-178],如景像匹配区的选定、基准图的预处理、特征基准图的生成、基准图的适配性估计、典型目标区影像库的建立等,本章设计并构建异源景像匹配综合实验与仿真系统,包括可见光与红外两种模式。本章首先详细介绍针对可见光景像匹配模式开发的景像匹配制导仿真系统,然后专门针对红外景像匹配模式,简要介绍一种红外目标匹配识别与跟踪仿真实验系统。

8.2　系统结构与工作原理

　　系统由软硬件两大部分组成,通过一台千兆交换机,构成高速局域网结构。从功能上讲,系统由四大子系统组成,即投影摄像子系统、基准图制备与场景生成子系统、匹配仿真与性能评估子系统、影像库子系统。系统的总体结构组成如图8.1所示。

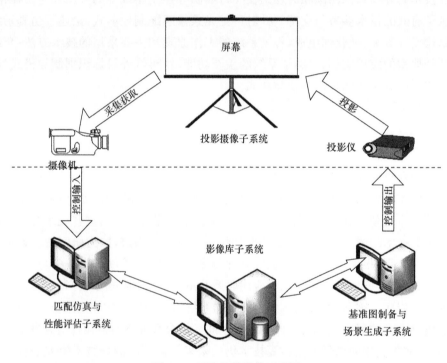

图 8.1　系统总体结构示意图

8.2.1　系统结构组成

　　系统硬件主要由以下两部分组成。

　　(1) 投影摄像系统

　　投影摄像系统主要由投影仪、屏幕、CCD 摄像头、支架、精密转台及控制器、图像采集卡、实验基座,以及连接电缆等组成。

　　(2) 计算机局域网系统

　　计算机局域网系统主要由三台高性能图像处理工作站及网络交换机组成。工作站主要完成大幅卫星影像的分析处理及场景的模拟生成、图像的预处理与特征提取、匹配仿真与性能评估、系统图像资源存储，以及典型目标区各种景像的管理。

依据三台工作站的任务分工不同，软件主要包括以下部分。

① 基准图制备与场景生成软件。

② 匹配仿真与性能评估软件。

③ 影像库软件。

上述软件除嵌入系统中的转台控制软件、Lortran7 大气模型软件，其他部分均由作者基于 C++Builder 软件平台自主开发完成。

8.2.2 系统工作原理

依据具体任务，系统的各功能子系统可以单独工作、协同工作，也可分布式运行。下面从各子系统的主要功能与技术方案出发，详细介绍本仿真系统的工作原理[2,123]。

1. 投影摄像子系统

投影摄像子系统（projection and cemera sub-system，PCS），主要功能是辅助实现飞行场景的仿真生成，实时图像的采集。通过精密转台及控制器可实现图像的定量旋转畸变；图像采集卡及其应用软件可完成多分辨率、多种亮度与对比度下的实时图采集。该子系统的投影部分与基准图制备与场景生成子系统连接，摄像部分与匹配仿真与性能评估子系统相连，组成闭合回路，实现异源景像匹配仿真实验。投影摄像子系统实物如图 8.2 所示。

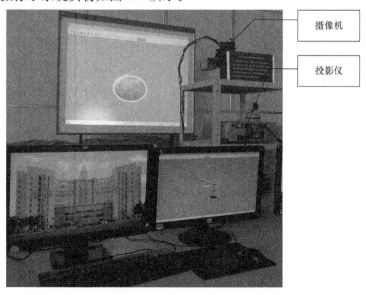

图 8.2 投影摄像子系统实物图

2. 基准图制备与场景生成子系统

基准图制备与场景生成子系统（reference image production sub-system, RPS），主要完成从大幅卫星影像到小幅基准图像或飞行场景的数据制备及仿真生成。其主要功能及技术方案如表 8.1 所示。

表 8.1　基准图制备与场景生成子系统功能及技术方法表

内容	功能	实现技术方法
景像匹配区分析	在已知卫片中依据特定的参数，选择特征明显、可匹配性高的区域作为匹配区	采用基于方差、独立像元数、边缘密度、相似长度、自匹配数的选定准则
基准图选定	在匹配区分析基础上，按照实际基准图的大小及其他约束参数生成粗选基准图	采用匹配百分比、边缘质心偏度，按一定的步长搜索生成基准图
参数计算	计算图像的统计特征参数、相似参数等，为直观实现图像的可匹配性检验提供参数依据	计算的参数主要有灰度最大值、最小值、均值、方差、能量、偏度、峰度、熵相关长度、独立像元数、自匹配数、相似长度、边缘密度等
施加干扰畸变	产生噪声干扰、几何畸变、灰度畸变，模拟实时图与基准图的各种差异	畸变模型的实现方法详见 7.4 节所述
灰度校正	恢复成像时由于地面光照度不合适而造成曝光不足或过度	对比度增强、直方图均衡法、直方图规格化、灰度最小化、灰度标准化等
几何校正	校正因传感器成像方式以及位置、姿态的变化等因素引起的几何畸变	仿射变换、透视变换、基于 CP 的几何校正、基于姿态角的几何校正
噪声消除	消除传感器噪声或其他噪声干扰	中值滤波、四点邻域滤波、阈值平滑滤波、加权平均滤波、加窗中值滤波等
数据压缩	减少匹配数据量提高匹配速度	邻域平均、中值滤波、降分辨率小波变换、特征提取等
特征提取	提取图像稳定特征，提高匹配算法对灰度或几何畸变的抑制作用	边缘检测（包括）、角点特征检测，不变矩特征、物理特征、NMI 特征提取等
飞行场景生成	通过图像序列的播放模拟导弹飞行时的地面景像	采用格式转换、自动生成、序列生成等方法

该子系统的软件主界面如图 8.3 所示。子系统可实现多源保障数据的分析处理、基准图的制备生成、基准图的预处理与特征检测、飞行场景的仿真生成（与投影摄像子系统的投影部分相连），从而为相关算法的研究提供实验验证平台。

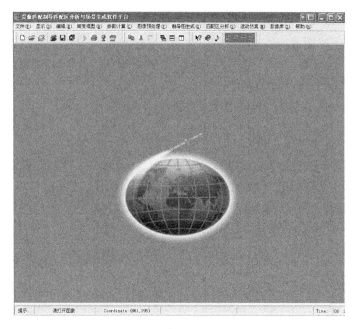

图 8.3　基准图制备与场景生成软件界面

3. 匹配仿真与性能评估子系统

匹配仿真与性能评估子系统(performance evaluation sub-system,PES),是以第 7 章给出的匹配仿真方法为技术原理而设计实现的,是系统匹配仿真实现的核心单元。其主要功能及技术方案如表 8.2 所示。

表 8.2　匹配仿真与性能评估子系统功能及技术方法表

内容	功能	实现技术方法
匹配算法库	以工程应用为背景,建立典型、实用的景像匹配算法库,从而评价其匹配性能,及其对异源景像、不同地区、地物特征适应性分析	AD、MAD、NProd、Proj、SSDA、等特征、相似性度量及控制策略组合的几十种实用匹配算法
实时图采集	通过 CCD 相机从投影屏幕实时获取图像,作为匹配仿真的实时图	可以调整图像大小、分辨率、亮度及对比度、获取图像数目
算法性能评估	通过多种匹配方式计算匹配算法的匹配概率、匹配精度、匹配时间、匹配裕度及其他性能指标	单次匹配仿真、算法性能参数计算、图对匹配仿真等模块

续表

内容	功能	实现技术方法
基准图适配性估计	利用可匹配性检验参数及匹配仿真实验对基准图的适匹配性进行分析估计	多图选定与分析、匹配曲面分析、匹配性能参数分析等模块
序列图像匹配	完成序列图像的匹配仿真,对序列匹配方法的性能进行分析	序列景像匹配、序列景像匹配概率估计、曲线示意图等模块

该子系统的软件主界面如图 8.4 所示。子系统主要完成实时图仿真获取(与投影摄像子系统的摄像部分相连)、图像处理与特征分析(主要内容及原理与 RPS 相同)、异源景像匹配仿真、序列景像匹配仿真、性能参数分析等内容,为算法的性能评估、基准图的适配性估计提供重要而有效的技术途径。

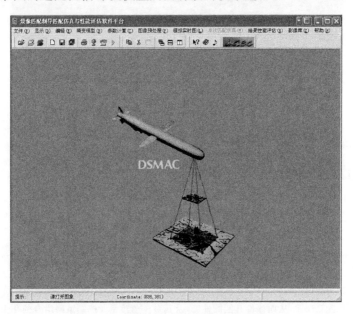

图 8.4　匹配仿真与性能评估软件界面图

4. 影像库子系统

影像库子系统(image database sub-system,IDS),采用三级模式实现了系统的 Client/Server(C/S)结构[9]。系统结构模型如图 8.5 所示。

客户端应用程序是其他子系统,如匹配仿真与性能评估子系统,与影像库子系统的接口程序,主要完成数据显示及与用户的交互。服务器应用程序协调和处理来自多个客户端的请求,如数据的访问、存储与更新。服务器应用程序和数据库服

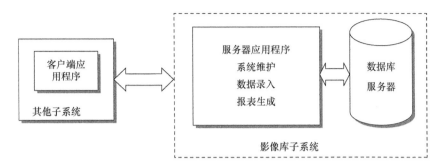

图 8.5　影像库子系统结构示意图

务器直接通信,完成用户的所有请求、系统维护、原始数据录入、报表生成等操作。该子系统的影像数据入库界面如图 8.6 所示。

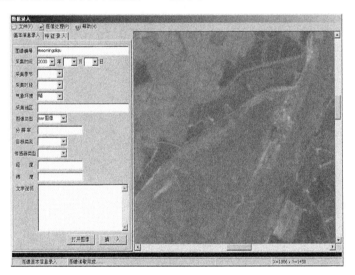

图 8.6　影像库子系统影像数据入库界面图

　　系统各软件子系统均具备图像管理的基本功能,如打开、新建、保存、另存为等,可独立单机运行,也可通过局域网与其他单元分布操作,处理的数据来源和最后输出的图像数据都存放在影像库子系统的数据服务器中。

8.3　典型应用与功能分析

　　该系统融合了景像匹配制导的主要研究内容及关键技术方法,提供了多种实验与分析手段,为异源景像匹配技术研究及景像匹配相关理论在导弹武器系统中的实用化与工程化,提供有效的技术支持与服务平台。本书中的绝大多数研究实验均是在该系统上完成。这里举例说明系统的几类典型应用。

8.3.1　相关匹配曲面分析

任一小图在大图中搜索匹配时,每一个搜索匹配位置都可以得到一个 NProd 系数值,所有的 NProd 系数组成二维曲面,便形成相关匹配曲面(correlation matching surface)。相关匹配曲面(简称相关曲面)分析法在景像匹配相关理论的研究中占有重要的地位。图 8.7 给出了相关曲面示意图,与图 6.6 一致,计算方法参考式(4.19)。

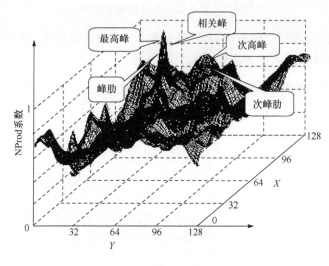

图 8.7　相关曲面示意图

依据相关曲面的特点,可以定义相关曲面的峰值特征参数,如相关峰(correlation peak)、最高峰(maximum peak)、峰肋、次高峰(sub-maximum peak)、峰峰比(peak-to-peak ratio,PPR)、峰肋比(peak-to-sidelobe ratio,PSR)、相关峰坡度(peak gradient,PG)等参数,也可定义其均值与方差、变异系数、偏态系数、峰态系数[2,140]。仿真系统实现了匹配相关曲面的绘制,为图像的可匹配性检验及算法的鲁棒性评估提供了直观而又形象的分析手段。

实验 1—基于相关曲面分析的图像可匹配性检验

首先,在预选基准图中任一位置截取与实时图大小相同的子图(称为基准子图)。然后,计算其与预选基准图中任一位置基准子图的 NProd 系数,所有位置 NProd 系数的集合便形成了相关曲面,利用这一相关曲面可对预选基准图可匹配性进行分析检验。

该实验可由 RPS 及 PES 两个子系统分布完成。实验步骤略去,现举例说明。

图 8.8(a)和图 8.8(b)给出了一幅原始预选基准图及其相应的灰度校正图像,大小为 256×256,子图大小为 64×64,截取位置为(170,100)。图 8.8(c)和图 8.8(d)给出了相应的相关曲面。

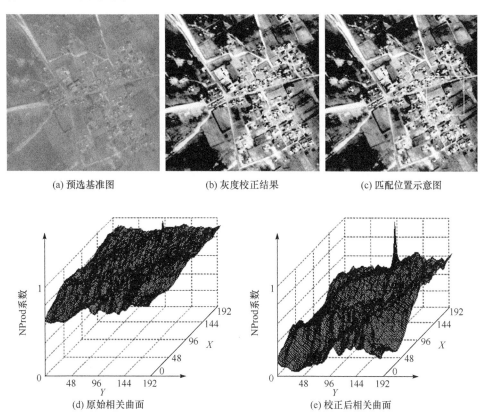

(a) 预选基准图　　　　　　(b) 灰度校正结果　　　　　　(c) 匹配位置示意图

(d) 原始相关曲面　　　　　　　　　　　(e) 校正后相关曲面

图 8.8　可匹配性检验实验

可以看出,图像的相关曲面一般会呈现高低起伏状分布,其中截取子图所在位置处相关峰最高,若有一个或多个次高峰与最高峰的差别较小,则说明基准图中存在一个或多个相似区域。这样当实时图与基准图存在一定的差异时,很容易使最高峰下降,从而降低匹配定位的可信度,这说明该图的匹配性能差。实验表明,经过直方图均衡化,匹配的相关峰明显锐化,增加了最高峰与其他峰值的差异性,说明该匹配位置具有很强的抗干扰能力,从而提高预选基准图的可匹配性。因此,利用相关曲面可以实现图像的匹配性能的预测。

实验 2—基于相关曲面分析的算法鲁棒性评估

本书第 4 章研究指出,依据不同的相似性度量,结合不同图像特征,可以设计实现具有不同特性的景像匹配算法。相关曲面是以 NProd 系数为基础的,这样只要是以 NProd 作为相似性度量的匹配算法,都可绘制其相关曲面。本实验给出灰度归一化积相关(NProd)、去均值归一化积相关(MProd)、边缘强度归一化积相关(EProd)的相关曲面,实验由 PES 上的单次匹配仿真模块完成。实验过程及结果如图 8.9 所示。

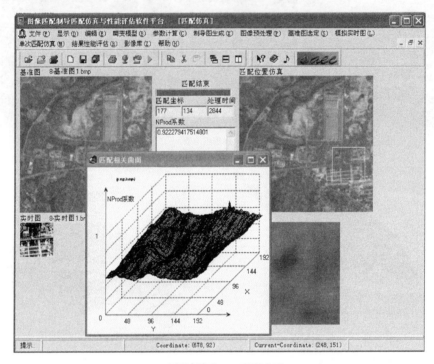

(a) 匹配实验及NProd相关曲面

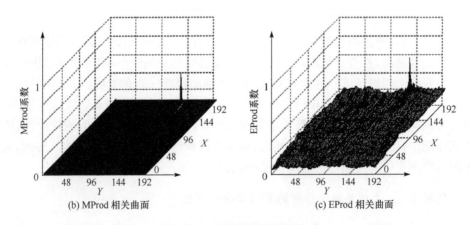

(b) MProd 相关曲面　　　　　　　　(c) EProd 相关曲面

图 8.9　算法性能分析实验

由图 8.9 可以看出,MProd 算法与 EProd 算法的相关峰明显比经典的 NProd 算法锐利得多,说明匹配算法的具有较强的抗干扰能力。这样基于相同的实验环境,利用相关曲面可以对不同的匹配算法进行比较分析。同时,对于确定的匹配算法,可以通过相关曲面分析其对不同景物特征的适应性。

基于相关曲面的特征参数,可以进一步定量分析基准图的可匹配性及算法的匹配性能。

8.3.2　异源序列景像匹配仿真

系统可完成基于实测图像的离线半实物匹配仿真,以及基于畸变模型的数字式匹配仿真,进而实现算法的各项性能评估。本书中的算法性能评估实验均是在该系统上完成,这里重点介绍可见光下视序列景像匹配仿真实验过程与结果。

实验 3—异源序列景像匹配仿真

该实验需要 RPS 与 PES 协同完成,实验步骤如下。

① 在 PES 上打开基准图。

② 在 PES 上打开实时图采集菜单,准备好实时图的采集。

③ 在 RPS 上模拟生成飞行场景,可利用同一地区的单幅航片模拟产生畸变生成固定场景,也可依据飞行序列图像或大幅卫星影像图模拟生成飞行场景。

④ 在 PES 上通过 CCD 摄像头的控制采集程序完成模拟实时图序列的采集。应事先进行匹配仿真参数设置,实时图采集的时间间隔不大于 1 秒。

⑤ 在 PES 上完成实时图的制备。采集环境确定后,实时图的制备要设置对应的参数,如分辨率、大小、数目等。

⑥ 在 PES 上完成匹配仿真实验。

采用 420 帧实飞序列图像进行飞行场景生成,匹配区选在第 160~180 帧及 300~320 帧的区域,实时图大小为 64×64。图 8.10 给出了实验结果。

(a) 第170帧图像

(b) 对应的实时图序列

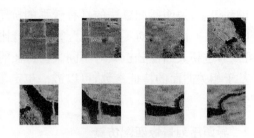

(c) 第310帧图像　　　　　　　　　　　(d) 对应的实时图序列

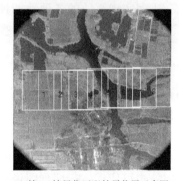

(e) 第170帧景像匹配结果位置示意图　　　(f) 第310帧景像匹配结果位置示意图

图 8.10　序列景像匹配实验结果

选用的匹配算法为 EProj 匹配算法。在理想情况下,序列匹配的结果是一条直线,由于各种干扰因素的影响,会出现误匹配和匹配随机误差,这一点由实验结果可明显看出,本书第 5 章的工作正是结合此问题开展的。

此外,系统还可以通过精密转台控制器实现摄像姿态的调整,通过图像采集软件的设置实现灰度的变化,从而实现各种畸变干扰条件下的序列景像匹配仿真。注意,此实验需要首先对投影摄像系统 PCS 进行位置标定,本系统采用一套完整的位置标定程序,以确保匹配仿真的可靠性,这里不作论述。

以上实验主要是针对下视景像匹配制导,可见光前视序列景像匹配仿真原理过程类似,关键是场景图像的运动方式不同,重点是利用成像模型完成视点投影变换,原理如 2.4 节和 7.4 节,均是采用飞行序列图像或大幅卫星影像图模拟生成,从而为可见光导引头提供较为真实的地物景像,其他操作过程与下视模式基本相同。

8.3.3　景像匹配区选取

景像匹配区选取一直是景像匹配制导技术研究中的重点问题之一。本系统以飞行器下视景像匹配制导系统为研究背景,以提高基准图制备的快速性、可靠性、有效性为目的,在分析基准图源(卫星照片或航空照片)特性的基础上,结合景像匹配系统对匹配导航点的要求,研究可用于图像可匹配性度量的统计参数或特征参数,定义新的图像可匹配性检验参数,提出实用、有效的景像匹配区分析及基准图选定准则,解决传统选定参数对图像描述的片面性和不完整性,使基准图选定准则更加科学、有效,为飞行器景像匹配制导基准图的选定提供有效的理论依据和方法途径。

实验 4—景像匹配区选取

该实验在 RPS 上完成,实验步骤如下。

① 图像输入。

第一,可以通过主界面"打开"从本机输入或通过局域网从影像库 IDS 输入,再点击进入匹配区分析模块。

第二,先进入匹配区分析模块,然后从本机输入待分析的卫星图像。

② 分析设置。

第一,不同的分析方法应设置其对应的参数阈值。

第二,分析时图像的大小取实际中实时图的大小,间隔像素取其 1/2。

第三,设置准则阈值、图像大小和间隔像素三个参数值。

③ 基准图的选定输出。

第一,保存分析图像,可为下次输出基准图时简化分析过程。分析图像名以原文件名开头,以具体的分析方法简写结尾,有灰度和真彩两种格式。

第二,输出基准图。设置图像大小,间隔像素及输入路径,在"分析设置"中选择"输出基准图"。选定的基准图可输出到本机也可输出到 IDS。

图 8.11(a)给出了对某地 PIONEER 卫星照片 P3-Z(1020×1020 像素,5 米分辨率)的匹配区分析结果,选用的分析准则为基于边缘密度的景像匹配区分析准则(EDV)。图 8.11(a)中左边为原图,右边为匹配区分析结果。图 8.11(b)是基准图的选定结果。表 8.3 给出了匹配区分析与基准图生成时的参数设置。

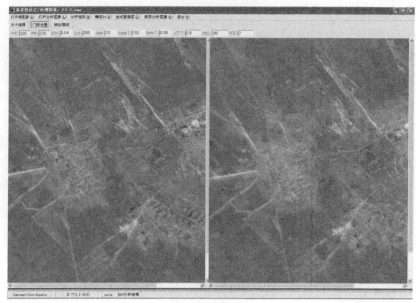

(a) 匹配区分析图像

(b) 输出基准图

图 8.11　景像匹配区选取与基准图生成实验

表 8.3　参数设置

图像 名称	输入参数设置			输出参数设置					输出 基准 图数目
	实时图 大小	分析 步长	准则阈值 (EDV)	基准图 大小	输出 步长	匹配点 数目/%	边缘密 度值	质心偏 度值	
P3-Z	64×64	16	0.04	256×256	64	0.82	40	7	3

生成的基准图数目与输出步长的设置有很大关系,由于在匹配区分析基础上进行的只是基准图的粗选,因此输出步长一般取小一些,以基准图大小的 1/16 左右为宜,这里取 64 仅是为了说明问题。在实际中,当输出步长为 16 时,输出的基

准图数目为 13。

以上方法虽然是针对传统的飞行器下视景像匹配制导系统,其思路过程对于基于前视景像匹配的视觉导航技术也具有重要的参考意义[202]。另外,基于系统强大的景像匹配功能,还可以完成异源景像(同一地区不同平台、不同传感器)配准,配准精度可精确到亚像素。

8.3.4　系统功能总结

系统实现的主要功能有以下几方面。

1. 异源景像的特性分析、处理与特征提取

可以实现对卫片、航片等用于景像匹配制导的异源景像资源的灰度特征分析,为制导基准图的可匹配性检验提供参数依据。比较系统地实现了景像匹配制导中可能用到的图像预处理算法及图像特征提取算法,可以完成对存在畸变的制导图的预处理,减小其失真度,提高其可匹配性。

2. 制导基准图的制备与性能评估

实现了利用多种准则完成景像匹配区的分析,基于分析结果,可以自动完成景像匹配区基准图的有效选定,进而生成特征明显、可匹配性高的制导基准图;通过选取异源景像对,进行单幅、多幅匹配仿真实验,相关匹配曲面的各种相关峰特征分析,计算图像的自匹配性能参数等方法,实现基准图的适配度性能评估。

3. 景像匹配算法的性能评估及匹配仿真

实现了多种景像匹配算法,可利用异源景像完成算法的匹配仿真实验及序列匹配仿真,为综合评价算法的性能提供可靠的技术手段;结合不同特征的制导图,可以对算法的鲁棒性(包括适应性)进行评估研究。

4. 模拟飞行场景及实时图的生成

在分析实际应用中制导图特性的基础上,可以模拟产生存在各种畸变的基准图、实时图,以及利用序列图像模拟飞行场景,从而为制导图的预处理及匹配仿真提供较为真实、可靠的数据资源。

5. 多源海量图像的存贮与管理

系统影像库子系统具有海量数据管理能力和快速检索性能,可以实现对典型场景与目标多源影像的管理,为系统其他功能模块提供数据支持。

8.4　红外目标匹配识别与跟踪仿真实验系统

　　红外景像匹配模式已成为当前飞行器景像匹配导航与制导重要研究方向之一。构建相应的仿真实验系统对于促进算法性能的改进提高具有重要意义。与可见光景像匹配仿真最根本的区别是,红外探测器敏感的是目标的红外辐射能量,不能直接用投影的方式进行目标与场景的生成,需要研究专门的红外景像模拟器。国内哈尔滨工业大学、西北工业大学、国防科技大学、火箭军工程大学针对特定的红外目标识别应用,开发了有效的景像模拟器[173-175]。本书针对红外目标识别与跟踪算法演示验证的需求,利用精密转台及典型目标实物缩比模型进行目标运动模拟,构建了一种基础的红外目标识别与跟踪仿真实验演示验证系统。

8.4.1　仿真实验系统总体框架

　　系统主要由两部分组成,组成结构如图 8.12 所示。

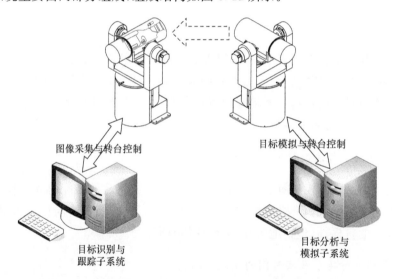

图 8.12　红外目标匹配识别与跟踪仿真实验系统结构示意图

1. 目标分析与模拟子系统

　　目标分析与模拟子系统(target analysis and simulation,TAS),主要由仿真工作站、精密二自由度转台及控制器、典型目标缩比模型、实验基座、实验附件等部分组成。该系统用于实现目标多源数据融合分析、目标可识别性分析、目标基准图模板制备、目标图像预处理、前视图像序列仿真生成、典型运动控制与仿真等功能。

2. 目标识别与跟踪子系统

目标识别与跟踪子系统（target recognition and tracking，TRT），主要由仿真工作站、精密二自由度转台及控制器、红外探测器、图像采集设备、实验基座、实验附件等部分组成。该系统用于实现目标红外图像采集、目标自动识别、目标自动跟踪、目标图像序列自动标定、目标识别与跟踪算法性能评估等功能。

依据两台工作站的分工，软件主要包括如下部分。

① 目标多源图像分析与基准图制备软件。

② 目标匹配识别与跟踪仿真实验验证软件。

上述软件除嵌入系统中的精密转台控制驱动软件、三维模型分析软件，其他部分均由作者基于 C++Builder 软件平台自主开发完成。

8.4.2　系统工作原理与主要功能

在飞行器红外景像匹配制导中，保障数据通常是典型地面场景或目标的可见光卫星影像、三维模型等其他异源数据，基准图的制作需要考虑异源图像之间的共性稳定特征，因此对目标（地区）的匹配识别必须是基于这些特征信息来实现。由于实验室环境下很难构建准确的红外目标或场景，因此仿真实验系统重点在于完成图像处理与分析、目标匹配识别与跟踪等算法的性能分析与演示验证，不具备对成像导引头控制与跟踪能力的评估分析。

1. 系统基本工作原理

依据实时图像的来源方式不同，本仿真系统有两种工作状态。第一种状态是基于各类实时图实验数据的纯软件数字仿真分析。第二种状态是在转台与红外探测器参与下的实时目标识别与跟踪半实物仿真。

在第一种工作状态下，红外实时图的生成采用两种思路。一种思路是直接利用各种类型的飞行实测红外数据，包括针对特定目标或场景而采集的不同条件下的红外图像序列，通过目标点标定实现数据基准的建立，完成红外实时图的生成。另一种思路是依据目标的多源保障数据及各类畸变模型，仿真生成不同获取方式或成像条件下的飞行数据，从而为目标识别与跟踪算法的性能分析提供丰富、多样的数据支持。第一种思路实施难度大、需要专用飞行采图实验平台支持，实验室结合各类科研工作，通过飞行搭载实验，获取了大量典型场景的红外图像序列，为典型目标的识别与跟踪仿真实验提供了丰富、可靠、真实的数据支持。第二种思路可操作性好，对实验室的硬件要求不高，重点是软件条件的支撑。软件条件建设与研究中，需要结合研究应用背景，利用目标及场景的各类保障数据，通过理论分析或仿真验证,建立目标模型、场景模型、干扰模型,以及各类参数模型。在此基础上,利用数据融合、仿真变换等综合处理,完成典型应用模式的基准图数据、实时图数据的制备、生成与管理。可以看出,在此类仿真过程中,重点需要建立满足特定仿真任务需求的模型库、数据库、算法库,这在红外数据仿真领域是一个长期积累、不断深化并逐渐完善的复杂过程,国内外研究人员已经开发了诸如 MODTRAN、VEGA、NIRATAM、DIME、ISIS、IRSG、GSIM 等用于目标和场景红外辐射仿真的模型、软件或系统[173-175],为红外图像实时仿真提供了有效的技术支持。

在第二种工作状态下,红外目标的仿真采用两种思路。一种思路是直接利用探测器获取实验室或室外运动目标图像信息(获取室外目标时,需将转台安装在靠窗户的合适位置,利用有利地理条件进行目标获取,同时要将窗户打开,因为普通玻璃阻隔了红外辐射),完成目标图像的实时采集、识别与跟踪。另一种思路是在目标模拟运动转台上安装典型目标模型,用于变姿态条件目标轮廓特征的检测、识别与跟踪仿真。此外,更为高级的仿真系统是利用红外目标模拟器进行目标仿真[175],再采用光学系统实现与红外探测器对接,组成完整的红外成像制导目标识别与跟踪仿真系统,通常采用五轴转台作为实验基座,三轴用于探测器稳定与跟踪,两轴用于目标模拟器的稳定及运动,这是实验室正在筹划建设的重要课题。

2. 系统主要功能总结

系统实现的主要功能有以下几方面。

(1) 多源保障数据信息融合与处理

系统中课题组自主开发的软件平台可以完成典型目标数据类型如卫星影像、DEM 数据、DSM 数据、三维模型等的管理,各类数据的预处理及基本变换,不同模式间数据的配准及一致性分析,从而为后续的仿真实验数据制备提供基础。

(2) 目标可识别性分析与基准图制备

针对不同的目标识别任务,利用目标三维模型及场景数据,通过视点变换,坐标投影,实现在不同方位、不同距离、不同高度目标的通视性、匹配性、跟踪性分析。在此基础上,针对不同目标类型,检测不变稳定特征,生成用于目标识别的基准图数据(序列)。

(3) 红外目标及场景的仿真生成

在分析实际应用中目标与场景特性的基础上,一方面利用已有红外数据进行配准、拼接、变换、校正,生成满足识别与跟踪要求的实验数据;另一方面利用红外建模仿真软件,在已有可见光图像或模型数据基础上,通过仿真变换,生成典型红外目标与场景数据。同时,系统利用红外探测器可直接获取红外图像,实现红外图像实时处理,为目标实时识别与跟踪提供技术支持。

(4) 自动目标识别算法仿真与性能评估

实现了多种红外图像自动目标识别算法,可利用大量异源序列图像完成算法的识别仿真实验,为综合评价算法的性能提供了可靠的技术手段;结合大量典型目标特征的图像序列数据,可以对不同识别算法的鲁棒性进行比较评估研究;利用确定的识别算法对不同目标特征数据进行仿真,可以对识别算法的目标(场景)适应性进行验证分析;利用识别算法对典型目标不同模式的数据序列进行识别分析,可检验基准图制备的有效性,进而为生成可识别性高的制导基准图提供依据。

以上系统的建立以期通过仿真的方法来评价景像匹配制导系统的各类算法的技术性能,可用于完成针对飞行器景像匹配制导性能评估的数字仿真、半实物仿真,以及参与飞行任务规划系统中景像匹配区基准图或目标模板的制备与评估。同时,系统建设的部分成果还可以为其他景像匹配的应用领域如机器人的路径规划、目标的识别与跟踪等的仿真实验积累经验、提供技术支持。

参 考 文 献

[1] Tsai S X. Introduction to the scene matching missile guidance technologies[R]. National Air Intelligence Center, NAIC-ID(RS)T-0379-96,1996.

[2] 杨小冈. 导弹多源图像匹配定位方法与仿真技术研究[D]. 第二炮兵工程大学博士学位论文,2006,6.

[3] 朱爱平,叶蕾. 战术战斧导弹武器控制系统[J]. 飞航导弹,2013,9：61-66.

[4] 王艳丽. 基于多源融合图像的景像匹配技术研究[D]. 北京航空航天大学博士学位论文, 2003,9.

[5] 马时平,毕笃彦,陈岚岚,等. 无人机景像匹配制导系统方案[J]. 系统工程与电子技术, 2004,26(12)：1832-1834.

[6] 范永杰,金伟其,刘崇亮. 前视红外成像系统的新进展[J]. 红外与激光工程,2010,39(2)： 189-194.

[7] 敬忠良,肖刚,李振华. 图像融合理论与应用[M]. 北京:高等教育出版社,2007.

[8] 张进. 无人机载光电/红外载荷的现状和发展[J]. 飞航导弹,2008,4：33-38.

[9] 王先敏,曾庆化,熊智,等. 视觉导航技术的发展及其研究分析[J]. 信息与控制,2010,39 (5)：607-613.

[10] 朱述龙,陈四清,朱宝山. 对影像导航的认识与思考[J]. 测绘科学技术学报,2014,31(1)： 452-460.

[11] 赵锋伟,沈振康,李吉成. 景象匹配技术研究[J]. 系统工程与电子技术,2002,24(12)： 111-114.

[12] 曹菲,杨小冈,缪栋. 景像匹配区选定准则研究[J]. 计算机应用研究,2005,5(22)： 137-139.

[13] 孙继银,孙向东,王忠,等. 前视红外景像匹配技术[M]. 北京:科学出版社,2011.

[14] 李言俊,张科. 视觉仿生成像像制导技术及应用[M]. 北京:国防工业出版社,2006.

[15] 周军,葛致磊,施桂国,等. 地磁导航发展与关键技术[J]. 宇航学报,2008,29(5)： 1467-1472.

[16] 陈朝阳,王忠,沈绪榜,等. LS MPP 并行图像处理机[J]. 计算机学报,2002,25(3)： 292-296.

[17] 曲圣杰,潘泉,赵春晖,等. 景象匹配辅助导航系统匹配置信度评估方法[J]. 中国惯性技术学报,2011(6)：713-719.

[18] 李弼程,彭天强,彭波. 智能图像处理技术[M]. 北京:电子工业出版社,2004.

[19] Castleman K R. Digital Image Processing (2nd Ed)[M]. New York: Prince Hall, Inc. 2007.

[20] 章毓晋. 图像处理、图像分析、图像理解[M]. 北京:清华大学出版社,2007,10.

[21] 郑南宁. 计算机视觉与模式识别[M]. 北京:国防工业出版社,1998.

[22] 杨小冈. 面向景象匹配制导的图像预处理问题研究[D]. 第二炮兵工程学院硕士学位论文,2002,3.

［23］Hermosillo G，ChefdHotel C，Faugeras O. Variational methods for multimodal image matching［J］. International Journal of Computer Vision，2002，50(3)：329-343.

［24］Luan H，Qi F，Shen D. Multi-modal image registration by quantitative-qualitative measure of mutual information［C］// CVBIA，2005，LNCS 3765，2005：378-387.

［25］Dowson N D H，Bowden R，Kadir T. Image template matching using mutual information and NP-Windows［C］// In 2006 ICPR(2)，2006：1186-1191.

［26］冯林，刘爽，赵凯生，等. 考虑红外焦平面器件非线性响应的一种非均匀性校正方法［J］. 红外与毫米波学报，2006，25(3)：221-224.

［27］冷寒冰，汤心溢，彭鼎祥. 基于积分时间调整的红外焦平面阵列非均匀校正算法研究［J］. 红外与毫米波学报，2007，26(4)：246-250.

［28］Boyes R G，Gunter J L，Frost C，et al. Intensity non-uniformity correction using N3 on 3［J］. Neuroimage，2008，39(4)：1752-1762.

［29］陈世伟，杨小冈，张胜修，等. 基于变积分时间的红外焦平面非均匀性校正算法研究［J］. 光子学报，2013，42(4)：45-479.

［30］杨小冈，孟飞，李俊山. 一种实用的图像滤波算法［J］. 计算机应用，2009，29(6)：216-219.

［31］Yang X G，Miao D. Approach for control point auto-determination of image geometric rectification［J］. Infrared and Laser Engineering，2004，2(1)：37-43.

［32］Svoboda T，Kybic J，Hlavac V. Image Processing，Analysis，and Machine Vision：A MATLAB Companion［M］. Thomson Engineering，2008.

［33］冈萨雷斯，伍兹. 数字图像处理(三版)［M］. 阮秋琦，等译. 北京：电子工业出版社，2011.

［34］孙正. 数字图像处理与识别［M］. 北京：机械工业出版社，2014.

［35］贾永红. 数字图像处理(第三版)［M］. 武汉：武汉大学出版社，2015.

［36］You L，Xiu C. Template matching algorithm based on edge detection［C］// Computer Science and Society(ISCCS)，2011 International Symposium on IEEE，2011：7-9.

［37］Sedaghat A，Mokhtarzade M，Ebadi H. Uniform robust scale-invariant feature matching for optical remote sensing images［J］. IEEE Transactions on Geoscience & Remote Sensing，2011，49(11)：4516-4527.

［38］Ren S，Chang W，Liu X. SAR image matching method based on improved sift for navigation system［J］. Progress in Electromagnetics Research M，2011，18：259-269.

［39］张天序. 成像自动目标识别［M］. 武汉：湖北科学技术出版社，2005.

［40］Brown L G. A survey of image registration techniques［J］. ACM Computer Surveys，1992，24(4)：325-376.

［41］杨小冈，曹菲，缪栋. 基于相似度比较的图像灰度匹配算法研究［J］. 系统工程与电子技术，2005，5(27)：918-921.

［42］李言俊，张科. 景象匹配与目标识别技术［M］. 西安：西北工业大学出版社，2009.

［43］Murshed M，Ramirez A，Chae O. Moving Edge Segment Matching for the Detection of Moving Object［M］. Image Analysis and Recognition. New York：Springer，2011.

［44］Alban E，Katkovnik V，Egiazarian K. Adaptive window size gradient estimation for image edge detection[C]// Proc. of SPIE Elect. Imaging, Image Processing: Algorithms and Systems II, 2003: 54-65.

[45] Prewitt J. Object Enhancement and Extraction in Picture Processing and Psychohistories [R]. New York: Academic, 1970.

[46] Konishi S, Yuille A L, et al. Statistical edge detection: learning and evaluating edge cues [J]. IEEE Transactions on Pattern Analysis and Machine Intelligence, 2003, 25(1): 57-74.

[47] Hsieh J W, Mark H Y. Image Registration Using a New Edge-Based Approach[R]. Institute of Information Science, Academia Sinica, 1998.

[48] Richard J Q, Thomas S H. Optimal edge detection in two-dimensional images[J]. IEEE Transactions on Image Processing, 1996, 5(7): 1215-1220.

[49] Ziou D, Tabbone S. Edge detection techniques-an overview[J]. Pattern Recognition and Image Analysis, 2007, 8(4): 537-559.

[50] Hanfj S E, Hadhoud M M, et al. New Approach for Image Matching Using Morphological Operations[C]// 21 Century National Radio Science Conference (NRSC2004), (NTI) March 16-18, 2004: 1-8.

[51] Victor B, Guterman H. Anadaptive neuroFuzzy system for automatic image segmentation and edge detection[J]. IEEE Transactions on Fuzzy Systems, 2002, 10(2): 247-262.

[52] Sinh L, Lim S. On lunar on-orbit vision-based navigation: terrain mapping, feature tracking driven EKF[C]// AIAA Guidance, Navigation and Control Conference and Exhibit, 2008: 18-21.

[53] 黄锡山, 陈哲. 景像匹配定位中的图像边缘检测算法研究[J]. 中国惯性技术学报, 2001, 9(1): 24-30.

[54] 王慧燕. 图像边缘检测和图像匹配研究及应用[D]. 浙江大学博士学位论文, 2003, 8.

[55] Kadir T, Zisserman A, Brady M. Anaffine invariant salient region detector[J]. Lecture Notes in Computer Science, 2004, (3021): 228-241.

[56] Lowe D. Distinctive image features from scale invariant keypoints[J]. International Journal of Computer Vision, 2004, 60(2): 91-110.

[57] Tuytelaars T, Mikolajczyk K. Local invariant feature detectors: a survey[J]. Foundations & Trends in Computer Graphics & Vision, 2008, 3(3): 177-280.

[58] Luo J, Gwun O. Acomparison of SIFT, PCA-SIFT and SURF[J]. Journal of Business Education, 2009, 3(4): 143-152.

[59] Leutenegger S, Chli M, Siegwart R Y. BRISK: binary robust invariant scalable keypoints [C]// 2011 IEEE International Conference on Computer Vision, (ICCV)2011: 2548-2555.

[60] Cruz-Mota J, Bogdanova I, Paquier B, et al. Scale invariant feature transform on the sphere: theory and applications [J]. International Journal of Computer Vision, 2012, 98(2): 217-241.

[61] Veltkamp R C. Shape matching: similarity measures and algorithms[C]// CS2001, 2001: 1-8.

［62］ Mojsilovic A,Hu J,Soljanin E. Extraction of perceptually important colors and similarity measurement for image matching,retrieval,and analysis［J］. IEEE Transactions on Image Processing,2002,11(11)：1238-1248.

［63］ Cheung S S,Zakhor A. Efficient video similarity measurement with video signature［J］. IEEE Trans on Circuits & System for Video Technology,2003,13(1)：59-74.

［64］ Ghafoor A,Iqbal R N,Khan S A. Modified chamfer matching algorithm［C］//Proceeding Springer,IDEAL,2003：1102-1106.

［65］ Gao S,Xiao Y,Hu S h. A comparision of two similarity measures in ultrasound image registration［C］// IEEE 0-7803-8251-X/04,ISCAS,2004,(IV)：61-64.

［66］ Kyu K O,Gyu S D,Hong P R. Robust hausdorff distance matching algorithm using pyramidal structures［J］. Pattern Recognition,2001,34(7)：2005-2013.

［67］ Dubuisson M P,Jain A K. A modified hausdorff distance for object matching［C］// In Proc. 12th International Conference on Pattern Recognition,1994：566-568.

［68］ Azencott R,Durbin F,Paumard J. Robust recognition of buildings in compressed large aerial scenes［C］// International Conference on Image Processing,1996：617-620.

［69］ Lu Y,Tan C L,et al. An approach to word image matching based on weighted hausdorff distance［J］. IEEE 0-7695-1263-1/01/ 2001：921-925.

［70］ Lampinen J,Tamminen T,et al. Bayesian object matching based on MCMC sampling and gabor filters［C］// Proc. SPIE Intelligent Robots and Computer Vision,2001：41-50.

［71］ 黄锡山,陈哲. 模糊相似度景像匹配算法研究［J］. 北京航空航天大学学报,2002,28(5)：532-535.

［72］ Fookes C,Maeder A,et al. Multi-spectral stereo image matching using mutual information ［C］// IEEE Proceedings of the 2nd International Symposium on 3D Data Processing,Visualization,and Transmission (3DPVT'04),2004：1-8.

［73］ Dirk L,Pieter S,Frederik M,et al. Nonrigid image registration using conditional mutual information［J］. IEEE Transactions on Medical Imaging,2010,29(1)：19-29.

［74］ 李金宗,魏祥泉,李宁宁,等. 基于最大似然比准则的点目标识别技术［J］. 电子学报,2003,31(8)：1217-1221.

［75］ Lin Z,Lei Z,Xuanqin M,et al. FSIM：a feature similarity index for image quality assessment［J］. IEEE Transactions on Image Processing A Publication of the IEEE Signal Processing Society,2011,20(8)：2378-2386.

［76］ Yang X G,Miao D,Cao F. Study on the matching similarity measure method for image target recognition［C］// The 2nd International Conference on Fuzzy Systems and Knowledge Discovery (FSKD'05),2005,8：289-292.

［77］ Etienne V,Robert L. Matchingfeature points in stereo pairs：a comparative study of some matching strategies［D］. School of Information Technology and Engineering University of Ottawa,2002.

［78］ Zhang Z J,Huang S B,Shi Z L. A fast strategy for image matching using hausdorff distance

［C］// Proceeding of the 2003 IEEE Internation Conference on Robotics, Intelligent Systems and Signal Proceeding, 2003, 10: 915-919.

[79] Cao F, Yang X G, Miao D. A hierarchical scene matching algorithm by fusion grayscale and image feature[C]// 3rd International Symposium on Instrumen-tation Science and Technology(ISIST′2004), 2004, 8: 590-594.

[80] Yang X G, Cao F, Miao D. Fast scene matching algorithm control strategy[C]// ISTM/ 2005, 2005, 6: 5172-5175.

[81] Bergmann G, Ákos Horváth, Ráth I, et al. Efficient Model Transformations by Combining Pattern Matching Strategies[M]. Theory and Practice of Model Transformations. Springer Berlin Heidelberg, 2009: 20-34.

[82] 周骥, 石教英, 赵友兵. 图像特征点匹配的强壮算法[J]. 计算机辅助设计与图形学学报, 2002, 14(8): 754-757+777.

[83] Smadar G. Wavelet-based nonlinear multi-dimensional registration[D]. PhD. dissertation, Drexel University, 2002.

[84] Zhang Z J, Huang S B, Shi Z L. Image matching through combined features of singular value and region[C]// IEEE Proceedings of the Third International Conference on Machine Learning and Cybernetics, Shanghai, 2004: 3793-3797.

[85] Amin1 M A, Afzulpurkar N V, Akhter S. An algorithm to find area and area based feature of image objects and its application in image matching[C]// IEEE Proceedings of the Third International Conference on Image and Graphics (ICIG'04), 2004: 25-28.

[86] Shimizu M, Okutomi M. Ananalysis of sub-pixel extimation error on area-based image matching[C]// IEEE DSP 2002: 1239-1242.

[87] Marjamaa J, Sjahputera O, Keller J M, et al. Fuzzy scene matching in LADAR imagery[J]. IEEE 0-7803-7293-X/01, 2001: 692-695.

[88] Sjahputera O, Keller J M, Matsakis P. Scene matching by spatial relationships[C]// Proc. 22nd Int. Conf. North American Fuzzy Information Processing Society, 2003, 7: 149-154.

[89] Jiang H, Ngo C W. Graph based image matching[C]// IEEE Proceedings of the 17th International Conference on Pattern Recognition (ICPR'04), 2004: 1051-1054.

[90] Qin L, Zeng W, et al. Local invariant descriptor for image matching[C]// IEEE 0-7803-8874-7/05, ICASSP 2005: 1025-1028.

[91] Grauman K, Darrell T. Effcient image matching with distributions of local invariant features[J]. Intl Jrnl of Computer Vision, 2004, 60(2): 91-110.

[92] 于起峰, 李强, 雷志辉, 等. 基于序列图像的无人机自测速方法与实验[J]. 航空学报, 2009, 30(8): 1503-1507.

[93] Li Y, Pan Q, Zhao C, et al. Dynamic key-frame based airborne scene matching vision navigation[C]// ASME 2011 International Design Engineering Technical Conferences and Computers and Information in Engineering. American Society of Mechanical Engineers, 2011: 1031-1035.

［94］Xia Z,Wang J,Yang X. Afusion algorithm based on position difference filtering and least squares estimate for dynamic scene matching［C］// Proceedings of the 2013 Ninth International Conference on Computational Intelligence and Security,2013：387-390.

［95］丛敏,严明. 战斧 Block Ⅳ攻击时间敏感目标［J］. 飞航导弹,2010,(2)：92-93.

［96］Chen S D,Liu J X. Study on cooperative attack strategy to time-sensitive target based proactive information delivery［C］// International Conference on Machine Learning & Cybernetics,2012：972-976.

［97］王东木. 导弹控制系统仿真技术［J］. 系统仿真学报,2001,13(1)：89-91.

［98］雷虎民,楼顺天. 六自由度导弹制导系统的建模与仿真研究［J］. 系统仿真学报,1999,11(1)：30-33.

［99］艾浩军,胡瑞敏. 景像匹配仿真的一种新方法［J］. 武汉科技大学学报(信息科学版),2001,26(3)：261-265.

［100］赵锋伟,沈振康,刘扬,等. 景像匹配评估系统中图像特征指标的选择(一)图像统计特征［J］. 红外与激光工程,2001,30(4)：187-191.

［101］张国忠,沈林成,常文森,等. 互相关景象匹配系统的正确匹配概率研究［J］. 宇航学报,2002,23(1)：30-33.

［102］王兴宝,许高升,刘胜文. 红外成像制导中前视图的仿真技术研究［J］. 红外与激光工程,2006,35(10)：68-72.

［103］王东丽. 图像处理技术在景像匹配仿真中的应用［C］// 2003 全国仿真技术学术会议论文集,2003：471-473.

［104］Xiao L,Wu H Z,et al. Modeling and simulation of digital scene image synthesis using image intensified CCD under different weathers in scene matching simulation system［C］// LNAI 3398,Springer-Verlag Berlin Heidelberg,2005：607-616.

［105］曹冶国,张天序,等. 基于特征的景像匹配置信度融合计算［J］. 华中科技大学学报,2004,32(9)：18-20.

［106］王艳丽,李铁军,陈哲. 景像匹配导航系统全局仿真技术研究［J］. 系统仿真学报,2004,16(1)：108-112.

［107］李强. 三轴仿真转台设计及动力学研究［D］. 哈尔滨工程大学博士学位论文,2007.

［108］于起峰,尚洋. 摄像测量学原理与应用研究［M］. 北京:科学出版社,2009.

［109］Boncelet C. Image Noise Models［M］. In Handbook of Image and Video Processing. Academic Press,2000.

［110］王英瑞. 红外探测器响应非均匀性对系统灵敏度的影响［J］. 红外与激光工程,2006,35(3)：258-261.

［111］殷世民,相里斌,周锦松,等. 辐射源定标红外焦平面阵列非均匀性校正算法研究［J］. 光子学报,2008,37(5)：992-995.

［112］李庆,刘上乾,赖睿,等. 一种基于场景的红外焦平面阵列非均匀性校正算法［J］. 光子学报,2006,35(5)：720-723.

［113］Li R,Zhang Y J. A hybrid filter for the cancellation of mixed Gaussian noise and impulse noise[C]// Proceeding of 4th IEEE PCM,2003,1：508-512.

[114] Yang X G,Meng F,Hu L Y. Real-time image geometric rectification for scene matching based on aircraft attitude[C]// ISCSCT'2008,2008,11：805-809.

[115] George M S. 导弹制导与控制系统[M]. 张天光,王丽霞,宋振峰,等译. 北京:国防工业出版社,2010,10.

[116] Szeliski R. Computer Vision[M]. London:Springer, 2011,10.

[117] 陈立舫. 某型导弹 ICCD 相机实时图仿真研究[D]. 哈尔滨工业大学硕士学位论文,2004,7.

[118] 肖亮,吴慧中,汤淑春,等. 全天候景像匹配实时图模拟生成的建模与仿真[J]. 系统仿真学报,2005,17(2)：378-383.

[119] 傅英定,成孝予,唐应辉. 最优化理论与算法[M]. 北京:国防工业出版社,2008,6.

[120] Yang X G,Xi J X,Wang J Y,et al. Strapdown scene matching location approach for aircraft with attitude variances[C]// Chinese Control and Decision Conference, 2014,6：5039-5044.

[121] 汤国安,张友顺,刘咏梅,等. 遥感数字图像处理[M]. 北京:科学出版社,2004.

[122] Yang P L,Yuan X,Wang S H. Fast SAR image matching algorithm in navigation system [C]// IEEE 0-7803-7651-X/03/2007：1639-1645.

[123] 赵静. 高超声速红外导引头成像建模与数字化仿真[D]. 西安电子科技大学博士学位论文,2014.

[124] 贾平,张葆,孙辉. 航空成像像移模糊恢复技术[J]. 光学精密工程,2006,14(4)：697-703.

[125] 李智勇,沈振康,杨卫平,等. 动态图像分析[M]. 北京:国防工业出版社,1999,8.

[126] 张永生. 智能视频分析发展现状与趋势[J]. 中国公共安全,2009,(10)：110-112.

[127] Schmid C,Mohr R,Bauckhage C. Evaluation of interest point detectors[J]. International Journal of Computer Vision,2000,37(2)：151-172.

[128] Óscar Martínez Mozos,Gil A,Ballesta M,et al. Interest Point Detectors for Visual SLAM [M]. Current Topics in Artificial Intelligence. Heidelberg：Springer, 2007：170-179.

[129] Lee W T,Chen H T. Histogram-based interest point detectors[C]// IEEE Conference on Computer Vision & Pattern Recognition,2009：1590-1596.

[130] 陈硕,吴成东,陈东岳. 基于视觉显著性特征的快速场景配准方法[J]. 中国图象图形学报,2011,16(7)：1241-1247.

[131] Zhang J,Sclaroff S. Saliency detection：a boolean map approach[C]// 2013 IEEE International Conference on Computer Vision (ICCV),2013：153-160.

[132] 杨小冈,缪栋. 基于图像 NMI 特征的目标识别新方法[J]. 计算机工程,2002,28(6)：149-152.

[133] Ding L,Goshtasby A. On the canny edge detector[J]. Pattern Recognition,2001,34(3)：721-725.

[134] Mallat S. A Wavelet Tour of Signal Processing[M]. Beijing：China Machine Press,2002.

[135] Tsai D M, Chiang C H. Rotation invariant pattern matching using wavelet decomposition [J]. Pattern Recognition Letters, 2002, 23：191-201.

[136] 宗晓萍, 徐艳, 董江涛. 多信息融合的模糊边缘检测技术[J]. 物理学报, 2006, 55(7)：3223-3228.

[137] 肖锋. 基于 BP 神经网络的数字图像边缘检测算法的研究[J]. 西安科技大学学报, 2005, 25(3)：372-375.

[138] 肖梅, 韩崇昭, 张雷. 基于多尺度轮廓结构元素的数学形态学边缘检测[J]. 西安交通大学学报, 2005, 39(6)：659-660.

[139] 陈灿煌. C++builder 彻底研究[M]. 北京：中国铁道出版社, 2002, 2.

[140] S. Suri, P. Schwind, J. Uhl, et al. Modifications in the SIFT operator for effective SAR image matching[J]. International Journal of Image & Data Fusion, 2010, 1(3)：243-256.

[141] Zames G. Feedback and optimal sensitivity：model reference transformations, multiplicative seminorms, and approximate inverses[J]. IEEE Transactions Autom. Control, 1981, 2(26)：301-320.

[142] Zhou K M, Doyle J C, Glover K. Robust and Optimal Control[M]. New Jersey：Prentice Hall, 1996.

[143] 杨小冈, 缪栋, 曹菲, 等. 一种实用的景像匹配仿真方法[J]. 系统仿真学报, 2004, 3(16)：363-365, 369.

[144] 门蓬涛, 张秀彬, 张峰, 等. 基于 NMI 特征的目标识别与跟踪[J]. 微计算机信息：测控仪表自动化, 2004, (3)：24-26.

[145] 陈爱斌, 董德毅, 杨勇, 等. 基于目标中心定位和 NMI 特征的跟踪算法[J]. 计算机应用与软件, 2010, 27(4)：276-279.

[146] 甘明刚, 陈杰, 王亚楠, 等. 基于 Mean Shift 算法和 NMI 特征的目标跟踪算法研究[J]. 自动化学报, 2010, 36(9)：1332-1336.

[147] 刘勍, 许录平, 马义德, 等. 基于脉冲耦合神经网络的图像 NMI 特征提取及检索方法[J]. 自动化学报, 2010, 36(7)：931-938.

[148] 罗菁. 基于有效边缘点的 Hough 变化和 NMI 特征的电池图像配准方法[P]. 中国, CN 103632377 A. 2014.

[149] Wessely H W. Image Correlation Part II：Theoretical Basis [R]. AD-A036482/8SL, 1996.

[150] Dirk L, Pieter S, Frederik M, et al. Nonrigid image registration using conditional mutual information[J]. IEEE Transactions on Medical Imaging, 2010, 29(1)：19-29.

[151] 何友, 王国宏, 彭应宁, 等. 多传感器信息融合及应用[M]. 北京：电子工业出版社, 2000.

[152] 黄锡山, 陈慧津, 陈哲. 景像匹配误匹配点的剔除算法[J]. 中国图象图形学报 A, 2002, 17(8)：783-787.

[153] 王永明. 连续景象匹配的后处理算法[J]. 宇航学报, 2004, 25(5)：535-540.

[154] 曹菲, 杨小冈, 缪栋, 等. 快速景像匹配算法控制策略研究[J]. 导弹与航天运载技术, 2005, 3：46-50.

[155] 杨小冈,曹菲. 基于 WMF 与 LSE 的序列景像匹配制导滤波融合算法[J]. 系统工程与电子技术,2007,29(8)：1362-1365.

[156] 王志贤. 最优状态估计与系统辨识[M]. 西安：西北工业大学出版社,2004,6：3-17.

[157] Meng F,Yang X G,Sun P. A novel filtering and fusion algorithm for sequence image matching navigation[C]// 2008 International Congress on Image and Signal Processing Volume4,2008,6：668-671.

[158] 杨小冈,曹菲,缪栋. 基于序列景像匹配算法的匹配概率估计[J]. 计算机工程,2007,33(20)：196-199.

[159] 李立春. 基于无人机序列成像的地形重建及其在导航中的应用研究[D]. 国防科学技术大学博士学位论文,2009.

[160] Elchynski J J. Navigation Guidance for Aircraft Approach and Landing[P]：US,US20080255715. 2008.

[161] Mourikis A I,Trawny N,Roumeliotis S I,et al. Vision-aided inertial navigation for spacecraft entry, descent, and landing[J]. Robotics IEEE Transactions on, 2009, 25 (2)：264-280.

[162] Yu J. Vision-aided navigation for autonomous aircraft based on unscented kalman filter [J]. Telkomnika Indonesian Journal of Electrical Engineering,2013,11(2).

[163] Lustosa L R,Waldmann J. A Novel Imaging Measurement Model for Vision and Inertial Navigation Fusion with Extended Kalman Filtering[M]. Heidelberg：Springer, 2015：275-289.

[164] Shi D,Han L,Liu Y. Ascene matching algorithm based on the knowledge of object edges [C]// IEEE International Conference on Intelligent Processing Systems, 2007, 10：1442-1445.

[165] 王建永,杨小冈,王雪梅,等. 基于边沿方向特征的地面时敏目标识别方法[J]. 电光与控制,2015,(5)：58-62.

[166] 宋福志. ATR 与人在回路的选择[J]. 战术导弹技术,2006,(2)：59-62.

[167] 熊斌,丁晓青,王生进. 基于三维模型的前视红外目标匹配识别方法[J]. 激光与红外,2011,41(3)：344-347.

[168] 郑刚. 飞行器前视红外视觉导航基准图制备方法研究[D]. 第二炮兵工程大学硕士学位论文,2015.

[169] Jin Z,Pan Q,Zhao C,et al. A multi-feature integrated visual attention model for matching-area suitability analysis in visual navigation[C]// Chinese Control Conference,2013；5121-5127.

[170] York G,Pack D J. Ground target detection using cooperative unmanned aerial systems[J]. Journal of Intelligent & Robotic Systems,2012,65(1-4)：473-478.

[171] Cheng X M,Dong C,Chun T L. Survey of cooperative path planning for multiple unmanned aerial vehicles[J]. Applied Mechanics and Materials,2014,668(1)：388-393.

[172] 付梦印,张晓晨. 景象匹配制导基准图制备关键技术研究综述[C]// 第二十九届中国控

制会议论文集,2010,2805-2809.

[173] 江照意. 典型目标场景的红外成像仿真研究[D]. 浙江大学理学院硕士学位论文,2007.

[174] 李卓,钱丽勋,李平,等. 动态红外场景生成技术及其新进展[J]. 红外与激光工程,2011,40(3): 377-383.

[175] 王建华,孙力,闫杰. 基于 MOS 电阻阵的红外目标模拟生成系统[J]. 红外与激光工程,2008,37(3): 411-415.

[176] 杨小冈,曹菲,黄先祥,等. 景像匹配仿真中的基准图制备方法研究[J]. 系统仿真学报,2010,22(4): 850-853.

[177] 杨小冈,曹菲,黄先祥,等. 景像匹配仿真中实时图的仿真生成[J]. 系统仿真学报,2010,22(5): 1270-1273.

[178] 杨小冈,左森,黄先祥. 图像匹配综合实验与仿真系统研究[J]. 系统仿真学报,2010,22(6): 1360-1363.

附　录

缩略词	英文描述	含义
A		
AAM	active appearance model	活动表观模型
AD	absolute difference	绝对差（算法）
	adaptive filtering	自适应滤波
AE	absolute error	绝对误差（同 AD）
	aerial image	航空照片
	affine distortion	仿射畸变
AGM	air to ground missile	空地导弹
AI	artificial intelligence	人工智能
	aid navigation	辅助导航
	alignment	对准、校正
	algorithm fusion	算法级融合
ANN	artificial neural network	人工神经网络
ASM	active shape model	活动形状模型
ATR	automatic target recognition	自动目标识别
	attitude angle	姿态角
	autonomous vision navigation	自主视觉导航
AVI	audio visual interleaved	视听交错（文件格式）
B		
	ballistic missile	弹道导弹
	Bayes' rule	贝叶斯公式
	Bayesian decision-making	贝叶斯决策
	bending distortion	弯曲畸变
	Bernoulli experiment	贝努利实验

	bilinear interpolation	双线性插值
	binary edge	二值边缘
	binary image	二值图像
	binary morphology	二值形态学
	biometrics recognition	生物特征识别
BMP	bitmap	位图(文件格式)
BP	back propagation	反向传播(网络)
	boundary tracking	边界跟踪

C

	camera calibration	摄像机标定
	Canny edge detector	坎尼边缘检测算子
CC	correlation coefficient	相关系数
	correlation length	相关长度
	correlation matching surface	相关匹配曲面
	correlation peak feature	相关峰特征
CCD	charge coupled device	电荷耦合器件
	center of gravity	重心
	center of mass	质心
CEP	circular error probability	圆概率偏差
	celestial navigation	天文导航
	chamfer matching	角点匹配
	city block distance	城市街区距离
	classification	分类
	closing	闭合(形态学运算)
	cluster analysis	聚类分析
CHD	censored Hausdorff distance	简化豪斯多夫距离
CMY	cyan-magenta-yellow	青-品红-黄
CNS	celestial navigation system	天文(星光)导航系统
	computer vision	计算机视觉

DIMN	dynamic image matching navigation	动态图像匹配导航（制导）
	distortion model	畸变模型
DM	data mining	数据约简
DOF	degree of freedom	自由度
DOM	digital orthophoto map	正射影像
	drift/yaw angle	偏航角
D-S	Dempster-Shafer	登普斯特-谢菲（证据理论）
DSM	digital surface model	数字地表模型
	dynamic scene matching	动态景像匹配
DSMAC	digital scene matching area correlator	数字式景像匹配区域相关器
DSM	digital signal processor	数字信号处理器
	dynamic programming	动态规划
E		
ECG	electrocardiogram	心电图
ED	Euclidean distance	欧几里得（欧氏）距离
	edge detection	边缘检测
	edge density	边缘密度
	edge enhancement	边缘增强
	edge linking	边缘连接
	edge operator	边缘算子
	edge strength	边缘强度
EDV	edge density value	边缘密度值
	elastic matching	弹性匹配
EMD	earth mover's distance	地球移动距离
	entropy	熵
	erosion	腐蚀（形态学运算）
	Euclidean space	欧几里得（欧氏）空间

F

FAF	fire and forget	发射后不管
	fractal theory	分形理论
	face recognition	人脸识别
	feature extraction	特征提取(检测)
	feature selection	特征选择
	feature space	特征空间
	feature vector	特征向量
FFT	fast Fourier transform	快速傅里叶变换
FLIR	forward looking infrared	前视红外
FOV	field of view	视场
	Fourier transform	傅里叶变换
	fractal geometry	分形几何
	frequency response	频率响应
FPGA	field-programmable gate array	现场可编程门阵列
FS	fusion strategy	融合策略
FSI	feature sequence image	特征序列图像
	fuzzy sets	模糊集

G

GA	genetic algorithm	遗传算法
	Gaussian noise	高斯噪声
	geomagnetic navigation	地磁导航
	geometric distortion	几何畸变
	geometric rectification	几何校正
GIF	graphics interchange format	图形交换格式
GIS	geographic information system	地理信息系统
GP	ground plane	地平面
	global feature	全局特征
GPS	global position system	全球定位系统

	image warping	图像变形
IMN	image matching navigation	景像匹配导航（制导）
INS	inertial navigation system	惯性导航系统
	interest point	兴趣点
	interpolation	插值
	invariant feature	不变特征
	invariant moments	不变矩
IPN	independent pixel number，	独立像元数
IR	infrared	红外
IRFPA	infrared focal plane array	红外焦平面阵列

J

	joint entropies	联合熵
JPEG	joint photographic experts group	JPEG（联合摄影专家组）格式

K

KF	Kalman filtering	卡尔曼滤波
	knowledge-based	基于知识的

L

LIDAR	laser intensity direction and ranging	激光雷达
	Laplacian operator	拉普拉斯算子
	linear transformation	线性变换
	linear programming	线性规划
	local feature	局部特征
LOG	Laplacian of Gaussian	拉普拉斯高斯
	lossless image compression	无失真图像压缩
	lossy image compression	有失真图像压缩
LSE	least squares estimation	最小二乘估计

M

MA	matching adaptability	匹配适应度

MAD	mean absolute difference	平均绝对差(算法)
MAE	mean absolute error	平均绝对误差(MAE)
	marginal entropies	边缘熵
	matching algorithm	匹配算法
	matching precision	匹配精度
	matching probability	匹配概率
	matching simulation	匹配仿真
	matching time	匹配时间
	machine vision	机器视觉
MAGCOM	earth magnetic field contour matching guidance	地球磁场轮廓匹配导航(地磁匹配制导)
	mask	掩模(模板)
	Markov random field	马尔可夫随机场
	mathematical morphology	数学形态学
MCMC	Markov chain Monte Carlo	蒙特卡罗-马尔可夫链
ME	matching error	匹配误差
	measurement space	度量空间
	median filter	中值滤波器
	median filtering	中值滤波
MHD	modified Hausdorff distance	改进的豪斯多夫距离
MI	mutual information	共性信息
MIL	man in loop	人在回路
MIMD	multiple instruction multiple data	多指令多数据
	microwave imaging radiometer	微波成像辐射计
	minimax rule	最小最大规则
ML	maximum likelihood	极大似然
MM	matching margin	匹配裕度
MMW	millimetre wave	毫米波

	moment estimates	矩估计
	motion trajectories	运动轨迹
MP	matching probability	匹配概率
MPEG	motion picture experts group	运动图像专家组
MPP	massively parallel processing	大规模并行处理
MRI	magnetic resonance imaging	磁共振成像
MS	matching strategy	匹配策略
MSD	mean square difference	均方差（算法）
MSE	mean square error	均平方误差（同 MSD）
	minimum square error	最小平方误差（估计）
	morphological operations	形态学运算
	multi-modal	多模
	multiple matching	多次匹配
	multi-spectral image	多光谱图像
	multi-source	多源

N

	neighborhood averaging	邻域均值（平均）
NMI	normalized moment of inertia	归一化转动惯量（特征）
NN	nearest neighbor	最近邻
	noise reduction	噪声抑制
	nominal system/model	标称系统/模型
	nonlinear optimization	非线性优化
	non-uniformity noise	非均匀性噪声
	norm	范数
NProd	normalized product correlation	归一化积相关

O

| | object recognition | 目标识别 |

OCR	optical character recogniton	光学字符识别
	opening	开启(形态学运算)
	optical image	光学图像
	optimal estimation	最优估计
	orthogonal transform	正交变换

P

	parameters estimation	参数估计
	pattern classification	模式分类
	pattern recognition	模式识别
PC	phase correlation	相位相关
PCA	principle component analysis	主分量(成分)分析
PCS	projection and camera sub-system	投影摄像子系统
PDE	partial differential equations	偏微分方程
PDF	probability density function	概率密度函数
	perspective transformation	透视变换
PES	performance evaluation sub-system	性能评估子系统
PHD	partial Hausdorff distance	部分豪斯多夫距离
	phase c correlation	相位相关
	pitch angle	俯仰角
	pixel	像素
	polynomial	多项式
PPR	peak-to-peak ratio	峰峰比
	pre-processing	预处理
	Prewitt operator	普瑞维特算子
Proj	projection measurement	投影度量
	projector	投影仪
	probability distribution	概率分布
PSNR	peak signal to noise ratio	峰值信噪比
PSR	peak-to-sidelobe ratio	峰肋比

	pyramid	金字塔
Q		
QBE	query by example	示例查询
QBIC	query by image content	图像内容查询
	quantization error	量化误差
R		
RADAR	radio direction and ranging	雷达
RACTG	radar area correlator terminal guidance	雷达区域相关末制导
	ramp edge	斜坡边缘
RANSAC	random sample consensus	随机抽样一致
	real-time/sensored image	实时图
	recursive	递归
	reference image	基准图
	reference frame	参考坐标系
	region growing	区域增长
	relaxation	松弛
	repetitive spatial patterns	重复模式
	resolution	分辨率
RGB	red-green-blue	红-绿-蓝
RMSE	root mean square error	均方根误差
RPS	refer-image production sub-system	基准图制备子系统
	Roberts operator	罗伯特算子
	robustness	鲁棒性
	robust performance	鲁棒性能
	robust stability	鲁棒稳定性
	roof edge	屋顶边缘
	roll angle	滚动角

	rotation	旋转
	rough sets	粗糙集
	route planning	航迹规划
	run length	行程(游程)
	run length encoding	行程编码

S

SA	simulated annealing	模拟退火
SAD	sum of absolute differences	绝对差和(同 AD)
SAE	sum of absolute error	绝对误差和(同 AD)
	salt and pepper noise	椒盐噪声
	sampling	采样
SAR	synthetic aperture radar	合成孔径雷达
	satellite image	卫星图像(影像)
	scalar	标量
	scaling	缩放
SD	square difference	平方差(算法)
SE	square error	平方误差(同 SD)
	self-matching number	自匹配数
	sensitivity	灵敏度
	sensor	传感器
	shape invariants	形状不变量
SIFT	scale invariant feature transform	尺度不变特征变换
SIMD	single instruction multiple data	单指令多数据
	similarity measurement/measures	相似性度量
	simulation system	仿真系统
SINS	strapdown inertial navigation system	捷联惯导系统
	selection rules	选定准则
SLN	similarity length number	相似长度(数)

SM	scene matching	景像匹配
SMA	scene matching algorithm	景像匹配算法
SME	self-matching error	自匹配误差
SMN	scene matching navigation	景像匹配导航（制导）
	self-matching number	自匹配数
SMP	self-matching probability	自匹配概率
	smoothing	平滑
SNR	signal to noise ratio	信噪比
	Sobel operator	索贝尔算子
	space transform	空间变换
	speckle noise	斑点噪声
SS	searching strategy	搜索策略
SSD	sum of squared differences	平方差和（同 SD）
SSDA	sequential similarity detection algorithm	序贯相似性检测算法
SSE	sum of squared error	平方误差和（同 SD）
SSI	space sequence image	空间序列图像
SSM	sequence scene matching	序列景像匹配
SSMA	sequence scene matching algorithm	序列景像匹配算法
SSNR	similarity signal noise ratio	相似信噪比
	statistical approach	统计方法
	stability	稳定性
	stable margin	稳定裕度
	stand-off	防区外
	state estimation	状态估计
	stereo vision	立体视觉
	step edge	阶跃边缘
	straight lines fitting	直线拟合

	subpixel	亚像素级
	sub-reference image	基准子图
SURF	speed up robust feature	加速鲁棒特征
SVD	singular value decomposition	奇异值分解

T

	target detection	目标检测
TAS	target analysis and simulation	目标分析与模拟
	tactical specification	战术指标
TCT	time critical target	时敏目标
TERCOM	terrain contour matching	地形匹配
	template matching	模板匹配
	technical specification	技术指标
	texture feature	纹理特征
TDM/3DM	three-dimensional model	三维模型
TF	transfer function	传递函数
	thinning	细化
	threshold	阈值
TIFF	tag image file format	标记图像文件格式
TM	thematic mapper	专题制图仪
	topological characteristic	拓扑特征
	tradeoff	折中
	translation	平移(位移)
TRS	translation, rotation and scaling	平移、旋转及缩放
TRT	target recognition and tracking	目标识别与跟踪
TSI	time sequence image	时间序列图像
TST	time sensitive target	时敏目标

U

	uncertainty	不确定性
	unmanned aircraft	无人机

V

	variance of image	图像方差
VE	virtual environment	虚拟环境
	voxel	体素
VR	virtual reality	虚拟现实
VVA	verification, validation, accreditation	校核、验证与确认

W

	watershed	分水岭
	wavelets translation	小波变换
	weather model	天候模型
	well-posed	适定的
WHD	weight Hausdorff distance	加权豪斯多夫距离
WMF	window median filter	加窗中值滤波器